Zhonghua
Qixiang Yanyu Jingjie

中华气象谚语精解

严光华 官秀珠 编著

气象出版社
China Meteorological Press

内容简介

本书阐述了霞、晕、华、虹、雾、露、霜、云、雷、雨、闪电、冰雹、风等天气现象的形成原因、结构分类及发展演变的过程,并且对与这些天气现象有关的近 300 条经典气象谚语进行了解读,语言通俗,图文并茂,有助于读者深入了解气象谚语的科学内涵。本书可供气象、水文、海洋、地震、林业工作者以及农民、渔民、气象知识爱好者参考。

图书在版编目(CIP)数据

中华气象谚语精解/严光华,官秀珠编著.—北京:
气象出版社,2012.10
ISBN 978-7-5029-5576-2

Ⅰ.①中⋯ Ⅱ.①严⋯②官⋯ Ⅲ.①天气谚语-研究-中国 Ⅳ.①S165

中国版本图书馆 CIP 数据核字(2012)第 227638 号

中华气象谚语精解

出版发行:气象出版社

地　　址:北京市海淀区中关村南大街 46 号	邮政编码:100081
总 编 室:010-68407112	发 行 部:010-68409198
网　　址:http://www.cmp.cma.gov.cn	E-mail: qxcbs@cma.gov.cn
责任编辑:杨　辉	终　　审:周诗健
封面设计:符　赋	责任技编:吴庭芳
印　　刷:北京京科印刷有限公司	
开　　本:720 mm×960 mm　1/16	印　　张:14.25
字　　数:220 千字	
版　　次:2012 年 10 月第 1 版	印　　次:2012 年 10 月第 1 次印刷
定　　价:25.00 元	

本书如存在文字不清、漏印以及缺页、倒页、脱页等,请与本社发行部联系调换

前　言

　　气象谚语是我国劳动人民在长期生产生活实践中总结出来的预测未来天气变化的经验性俗语,由于通俗易懂,便于记忆,深受广大人民群众的喜爱,世世代代流传下来并不断得到丰富,是千百年来劳动人民智慧的结晶。

　　人们生活在地球上,地球又被大气所包围。因此,大气和大气中所产生的各种天气现象与人们的生活、生产息息相关。降水可以使田间禾苗得到滋润灌溉,但是暴雨却又往往引起山洪暴发,形成严重水灾;充足的阳光照射有助于农作物进行光合作用,有利于作物生长,而长期的晴朗天气又会造成干旱,使庄稼枯死;微风可以使帆船顺利地借风驶航,节省人力,但狂风又会使轮船倾覆,造成严重损害。瑞雪兆丰年,指的是冬雪,它对越冬麦苗起着保暖作用,同时又可杀死害虫,还能使土地保持充足水分,为来年生产创造许多有利条件。但是,如果是春雪,情况则完全相反,春雪所造成的寒冷天气往往使出土的秧苗冻死,产生严重的烂秧现象,甚至推迟农时,失去有利的播种条件。台风,对于那些仅受台风外围微弱影响的地区,由于可以产生一定的降水,解除旱情,有利农作物的生长,而对于那些遭到台风正面袭击的地区却会造成巨大损失,给人民生命财产带来巨大危害。盐业生产需要晴朗和阳光充足的天气条件。农业生产又需要适时的降水和晴朗天气相配合的气象条件。温暖的气候使人们觉得舒适畅快,炎热的天气又使人们产生闷热难受的感觉,气候冷暖多变使人们容易伤风感冒……可见,天气对人们的生活、生产所带来的影响实在是太多、太大了。

　　同样,天气变化对军事活动有重要影响。读过《三国演义》的人,大概都会

1

被孔明草船借箭和火烧赤壁的神奇情景所感动吧！草船借箭就是诸葛亮用大雾弥天这种有利气象条件,迷惑敌人达到"借箭"目的的。火烧赤壁更是利用东南风这一有利的气象条件,采用火攻战术战胜敌人的。在古代,这样的例子不少。熟悉气象条件的,可以利用天气所造成的有利条件夺取战争胜利;不熟悉气象条件的就会因此而失败。比如,元朝忽必烈想征服日本,派出庞大的远征军远渡重洋,由于不熟悉当时气象条件,致使远征战船在海上遇到台风袭击,全部船只和船上的人员毁于一旦,葬身鱼腹。古代战争是这样,现代战争更是如此。在第二次世界大战期间,日本侵略军偷袭珍珠港就是利用有利的气象条件,麻痹对方,偷袭成功,使美国太平洋舰队几乎全部覆灭。现代化战争武器对气象要求就更高了:飞机的起落与飞行、高射炮的弹道修正、导弹发射、舰艇航行都要考虑气象因素的影响。

气象对人们的生产生活有着如此重要的影响,因此人们对于气象变化也给予特别关注。人们对于气象的认识经历了漫长的历程。在古代,由于科学技术落后,人们对太阳东升西落、月亮圆缺变化、天空时晴时雨、雷电的生成、云的产生、风的来源、彩虹的闪现、日月周围的美丽光环等这些天空景象都无法作出合理的解释,因而就笼照上神秘的色彩,认为自然界是由神来主宰的,这些不可思议的现象都是神灵创造的。中国古代就有许多相关传说,出现了雷公、电母、兴云童子、布雾郎君、风婆、雨伯、龙王等神话人物和织女织云、关公磨刀、蜃龙吐气为楼等神话传说。而历代统治阶级为了愚弄人民,也有意识地制造了种种荒谬假说,使一些传说越说越神,越说越奇,甚至出现了张天师祈雨之类十分荒谬的迷信活动。

假的就是假的,神灵终究不灵。人类历史就是一个不断地从必然王国向自由王国发展的过程。在生产实践和科学实验中,人类总是不断进步,自然界也总是不断发展的,不会永远停留在一个水平上。几千年来,我国劳动人民在日常生活、生产实践和科学实验中,通过日常无数次观测积累了丰富的实践经验,使人们逐步地拨开神秘的面纱,渐渐地认清自然界的本来面目,对许多自然现象有了初步的认识。这些感性认识就以气象谚语形式流传下来。

早在西周时期,《诗经》中就有了"朝霁于西,崇朝其雨"的诗句。到了唐代,

《相雨书》中也有"云逆风行者,即雨也"的记载。后来,《便民图纂》、《田家五行》、《齐民要术》等著作中都有关于天气现象的专门论述。在观测仪器方面,汉代的人们就发明了"相风铜乌"来辨风向,对风的观测也由原来四个方位改进到八个方位。还对风力大小进行观测,将风力分为八级:"动叶、鸣条、摇枝、堕叶、折小枝、折大枝、折木飞砂石、拔大树及根"。对晕、华等天气现象也有了详细记载,同时对于温度、雨量观测也都有了进展。在当时,对天气现象的产生原因已有较为正确的认识。东汉王充对于雷、雨、闪电的认识已经抛开了有神论,而有了一定的科学性。《幼学琼林》中"云腾致雨,露结为霜"的论述就更向前进了一步。古代这些认识都是劳动人民在长期生活、生产中积累起来的经验结晶,因而还处于感性认识阶段,即所谓"知其然,而不知其所以然"的阶段。

随着近代科学的迅速发展,自然界中的各种现象也进一步为人们所认识,那些过去无法解释的现象也都逐步得到了合理解释。人们逐渐知道:太阳的东升西落是由于地球不停地自西向东转动;春、夏、秋、冬四季更替则由于地球围绕太阳公转而产生;月亮的圆缺是由于月亮与地球太阳相对位置形成的;云是由于地面水分蒸发成水汽,上升到空中冷却,重新凝结成细小水滴而生成的;雨则是云中水滴增大到一定程度后降落到地面而产生的;彩虹是由于太阳光线受到水滴折射的结果;闪电、打雷都是积雨云中电荷放电而产生的现象;风是因为地面空气分布不匀产生流动而吹起来的;等等。

在认识天气现象的过程中,人们积累了丰富的气象谚语。气象谚语是劳动人民长期以来在生产斗争、生活实践中对于天气现象的丰富感性认识的结晶。在气象谚语的流传过程中,一方面,由于自然淘汰,合理的、正确的谚语得以继续流传,那些片面的、不正确的谚语逐步被淘汰;另一方面,由于时间推移,人们对于自然界认识进一步深化,因而新的内容也逐步补充进去。气象谚语正是经历了这样无数次的淘汰和补充过程而逐步发展的。同时,又由于当时社会条件的限制,有的气象谚语有着浓厚的迷信色彩。在古代,由于交通不便,劳动人民活动场所很狭窄,因而气象谚语一般说来都带有浓厚的地方性、片面性和季节性。因此有的气象谚语在某个地方用起来很灵验,而在其他地方就不适用了。由于季节差异,气象谚语如果用错了季节,很可能会产生相反的结果。所以,在用古代劳动人民丰富的看天经验时，应当弄清气象谚语含义，熟悉气象谚语的"三性"，去粗取精，去伪存真，在实践中边运用边总结提高，方能收到较好的效果。

从天气预报角度看，气象谚语可以分为两大类：第一类是短期预报方面的群众看天象、物象的气象谚语；第二类是与长期预报相关的韵律方面的气象谚语。

现代科学技术飞速发展，从地面观测到高空观测，从简单的温度、湿度、气压、雨量、风向风速的观测到气球、雷达、火箭、卫星、激光的应用，这些为人们观测和认识气象创造了有利条件。今天，应用现代气象科学对天气发展过程的认识来解释民间流传的气象谚语，对气象谚语进行过滤、筛选，选出比较合理的、有价值的为当前气象事业服务，同时从古代民间流传的气象谚语中找到新的启示，促进我们的气象工作，确实是项很重要的任务。我国气象工作者本着图、资、群相结合的原则，长期以来在这方面做了不少工作，也取得了比较好的成果。

本书对晕、华、虹、雾、露、霜、云、雷雨、闪电、冰雹、风、台风等天气现象的形成、起因及其发展、消亡的过程进行了阐述，根据这些基本知识对相关气象谚语进行了解读。为便于读者理解，本书在力求语言通俗的同时，还列举了许多小实验为例，并配有许多插图，知识性和趣味性兼备。由于参考资料不足，对气象谚语调查研究不够，加之作者水平有限，书中难免存在不足之处，希望读者批评指正。

作者

2012 年 5 月

目　录

第一章

大气中的光现象

在生产和生活的实践中，我们随时都会遇到与光有关的现象。大气中光的现象更是每日每时都可以看到的。

清晨，当你推开窗户，一轮红日喷薄而出，万道金光把天边的云彩都映红了。

晴朗的夜晚，当月光透过薄薄的云层，有时我们可以发现在月亮的周围会出现一个彩色光环。

夏季，一阵电闪、雷鸣、狂风、骤雨之后，雨过天晴，一道彩虹横天而过，仿佛在天上架起一座五彩缤纷的桥梁。

还有美丽的极光，奇怪的海市蜃楼，峨嵋宝光……

是谁把大自然装点得如此娇艳多姿、光怪陆离？

在蒙昧的年代里，人们给这许多无法解释的现象赋以有神论的理念，仿佛大自然是由神来主宰的，一切奇怪的现象也都是由神来摆布的。随着生产水平和科学技术的不断发展，许多无法解释的现象也都逐步得到解答。有神论也逐步地被清除出自然科学领域。

那么，是哪位能工巧匠赋予大自然这许多美丽的景象、奇怪的幻影呢？要弄清这个问题，首先必须从光和光的性质说起。

光和光的性质

光是我们生活中所熟知的现象。光究竟有哪些性质呢?

当我们打开手电筒,可以发现一束光线向空中射去。在门缝处看射进来的阳光,我们都可以发现光是沿直线方向传播的。在均匀的物质中,光是以波动的形式沿直线方向传播的。在真空中,光线传播的速度是每秒 30 万千米,光在空气中的前进速度也近似这个数值。在不同的物质中,光线传播速度是不同的(表 1-1)。

表 1-1 光在不同物质中传播速度表 (单位:万千米/秒)

物质	玻璃	金刚石	熔凝石英	油酸	石英晶体	水
速度	16.0～20.0	12.4	20.5	20.5	19.5	22.6

一、光的反射

当光线从一种介质(或称媒质)进入另一种介质时,光线传播的方向就会发生改变,一部分被界面反射回来,另一部分进入介质内部。反射回来的光线称为反射线(如图 1-1 中的 OB),进入介质内部的称为折射线(如图 1-1 中的 OC)。

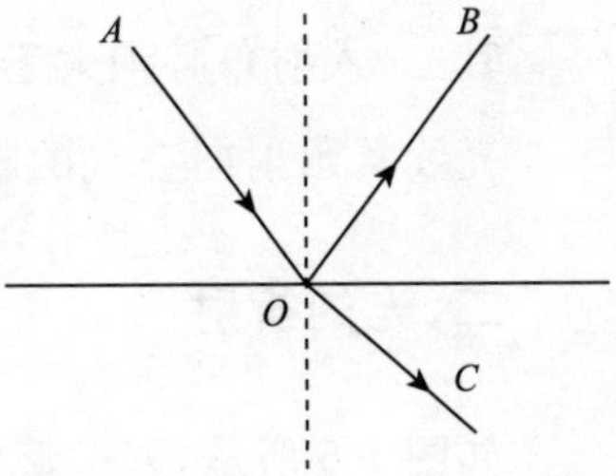

(一)光的镜面反射与漫反射

当一束光平行照射到表面十分光滑的物体

图 1-1 光线反射折射图

上,反射回来的光线也是一束平行光时,这种反射称为镜面反射(图 1-2)。如果被照射的物体表面是粗糙的,则反射回来的光线就不再是平行光线,而是射向各自不同的方向,这种反射称为漫反射(图 1-3)。

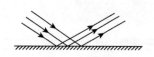

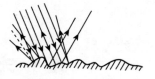

图 1-2　镜面反射　　　　　　　图 1-3　漫反射

(二)光的反射定律

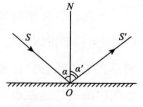

入射线与反射线同在一个平面内,并且入射角与反射角相等。如图 1-4 所示,入射线 OS 与反射线 OS′分别位于法线 ON 两侧,并且与法线在同一个平面内,反射角 α′ 与入射角 α 相等。

图 1-4　光线的反射

(三)全反射

在光线入射角逐渐增大过程中,我们还可以发现:随着入射角逐渐增大,折射光线逐渐减弱,反射光线逐渐增强,最后折射光线消失,反射光线达到全反射,也是最强。使折射角等于 90° 的入射角叫做临界角。

从光的折射性质可以看出,要使光线产生全反射的条件是:

其一,光线必须从光密物质射向光疏物质。

其二,入射角必须大于临界角。

光线从水射向空气的临界角为 48.5°。

二、光的折射

如图 1-5 所示,取一碗清水往水里放一根筷子,可以发现筷子似乎折弯了,其实,不是筷子弯了,而是当光线从水中射向空气时发生的折曲现象(不是直线),所以,我们看上去筷子似乎变弯了。这种光从一种介质进入另一种介质时传播方向发生改变的现象称为光的折射。

图 1-5　光的折射

折射定律是折射光线跟入射光线和法线在同一平面上,折射光线和入射光线分居法线两侧(图 1-6)。

不管入射角的大小如何改变,入射角的正弦跟折射角的正弦之比,对于所给定的两种媒质来说总是一个常数。

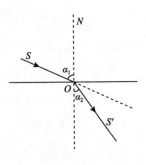

$$\frac{\sin\alpha_1}{\sin\alpha_2} = n \ (n\ 是一个常数)$$

实验证明这个比值在数值上等于光在第一种媒质中传播速度与光在第二种媒质中传播速度之比。即:

图 1-6　光的折射示意图

$$\frac{\sin\alpha_1}{\sin\alpha_2} = \frac{V_1}{V_2}$$

式中 V_1 与 V_2 分别为光在两种媒质中传播的速度。

如果光从空气中进入某种媒质中,那么根据上面公式可以得到:

$$\frac{\sin\alpha_1}{\sin\alpha_2} = \frac{C}{V} = n \qquad (C\ 为光速)$$

则我们称 n 为某种媒质的折射率。

在两种不同的媒质中,我们通常把折射率小的媒质称为光疏媒质,把折射率较大的媒质称为光密媒质(表 1-2)。从折射性质可以发现当光线从光疏媒质进入光密媒质时,折射角总是小于入射角;反之,当光从光密媒质进入光疏媒质时,折射角总是大于入射角。对于空气、冰晶、水来说,空气是光疏媒质,水和冰晶是光密媒质。

表 1-2　几种不同物质的折射率

物质	玻璃	金刚石	二硫化碳	甘油	水
折射率 n	1.5~1.9	2.42	1.63	1.47	1.33

三、光的衍射

由于光在传播过程中具有波动性质,因此两列相同的光波到达某一点,一列的波峰到达的时间与另一列波谷到达的时间相同的话,那么这两列波就会发生干涉,彼此抵消,出现暗区。相反,一列波的波峰到达的时间如果与另一列波的波峰到达时间相同,那么两列光波互相叠加增强,出现亮区。

图 1-7 是光的衍射实验图，我们可以通过该图看平行光波通过长方形狭缝时发生的情况。当光波碰到狭缝 AB 时，光波除了通过狭缝 AB 沿直线 Ox 方向继续传播外还会发生衍射现象。当我们站在 y 区位置观测时，OB 这段狭缝的光波要比 OA 这段狭缝的光波少走半个波长的路程。当 OB、OA 同时发出的光线到达 y 区时，这两列波刚好相差半个波长，也就是说，一个光波的波峰正好与另一个光波的波谷相对应出现，两列光波互相干扰、抵消。因此在 y 区就是一个暗区。现在，我们如果站在 z 区位置来观测时，由于 OA 与 OB 刚好相差一个光波波长到达 z 区，因此两列光波波峰波谷都互相重叠、加强，从而出现一个亮区。由此反复，所以当光线通过狭缝时将会出现明暗相间的现象。这个现象就叫做光的衍射。

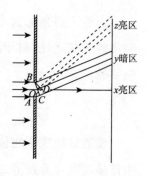

图 1-7 光的衍射

光线是以波动形式直接向外传播的。如果光线遇到障碍物或小孔洞，其直径大小与波长接近时，光就会绕过障碍物而射到按直线传播时所要生成阴影的地区，这种现象称为光的衍射或绕射。

小圆孔的情况与长方形狭缝的情况完全相同。当光波通过小圆孔时，我们将会在接收光线的屏幕上看到一个亮中心区而周围将会出现一圈圈明暗相间的光环（图 1-8）。我们如果用小障碍物代替小孔也可以得到与上面小孔所得到的相同现象，这个现象称为巴比涅原理。

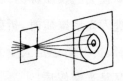

图 1-8 当光线通过小孔时的衍射情况

四、光的色散

如图 1-9 所示，取一个三棱镜，让一束白光（太阳光就是白光）穿过狭缝射到棱镜一个侧面，可以看到白光通过棱镜后，不但改变了前进方向（折射），而且在白色屏幕 S 上形成一条从红到紫依次排列的彩色光带。它的颜色顺序是：红、橙、黄、绿、蓝、靛、紫。这种由白光分解成几个单色光的过程称为光的色散。从以上实验，我们可以清楚地看到白光是由红、橙、黄、绿、蓝、靛、紫七种单色光所组成的。

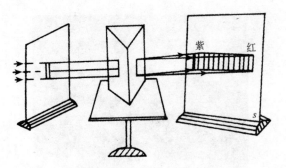

图 1-9　光的色散

我们再来做一个实验,从另一个侧面看白色光是由七个单色光所组成的事实。取一块圆纸板分成七个等份儿,依次涂上红、橙、黄、绿、蓝、靛、紫七种颜色(图 1-10)。以后让纸板快速旋转,当纸板转速很快时,我们所看到的不是七种颜色的单色光而是一片灰白的颜色。可见白色光确实是七种单色光组成的。所以,实验中我们看上去是一片灰白,而不是白色,这是因为我们所用的颜色与自然光谱中的颜色不是完全相合的缘故。

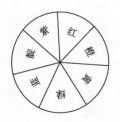

图 1-10　色板复合图

霞

　　清晨,旭日从东方地平线上冉冉升起,万道霞光染红了半边天空;傍晚,夕阳西照,天空中云彩仿佛着了火似的瑰丽动人(图 1-11)。霞这一大自然现象在人们的生活中经常都可以看到。人们看到这美丽的景色不禁会问道,为什么会产生这种千姿百态的景象呢?

　　大家知道,我们平常所见到的太阳光(白光)是由红、橙、黄、绿、蓝、靛、紫七种单色光组成的。虽然这七种单色光在真空中前进速度基本一样,大约每秒30万千米,但是它们的波长和性质是各不相同的。红光波长最长,大约有720纳米[①],依红、橙、黄、绿、蓝、靛、紫顺序递减,紫光波长最短,大约为390纳米。

────────────

　　① 1 纳米 = 10^{-9} 米。

图 1-11　海晚霞

　　我们生活着的地球外面是由一层厚厚的空气所包围,气体的密度依高度的升高而递减,高度越高,空气越稀薄。在空气中还存在许多尘埃、冰晶、水滴、盐粒等杂质。这些杂质半径也各不相同。这样当阳光进入大气时,碰到空气中的尘埃、水滴等杂质都会发生散射现象。散射现象与尺度参数 x 关系密切,$x=\dfrac{2\pi r}{\lambda}$($r$ 是粒子半径,λ 是波长);当 $r\ll\lambda$ 时,相当于分子散射,波长越短,散射得越厉害;对于大气中尘埃、冰晶等粒子的散射,粒子半径与波长量级相当,适用"米散射"规律,情况比较复杂。一般情况下,波长最短的紫光散射最厉害,而波长最长的红光穿透力最强,散射最弱。其他各种色光介于它们之间与波长成反比。我们早晨与傍晚看到太阳呈红色或金黄色的,也就是因为阳光要透过很长一段的大气层(据计算比中午时穿透过的大气层要大 35 倍),绿、蓝、靛、紫四种色光被散射殆尽,只剩下红、橙、黄几种单色光透过大气层进入我们的眼睛,所以,我们所看到的也就是红色或金黄色的了。

　　霞也就是大气中悬浮物散射阳光形成的。当大气中悬浮物的半径小于0.5 微米时,散射光主要以蓝光为主,这时,霞就呈现红色,也就是红霞;大气中悬浮物的半径大部分在 0.5～1.0 微米,散射光就以红光为主,霞就呈蓝色或绿色;如悬浮物半径接近 1.0 微米时,霞就接近绿色了;当悬浮物半径在 1.0～1.5 微米时,散射光又以蓝光为主,所以霞又成为红色或绿色;当悬浮物半径在 1.5～5 微米时,散射光又以红色为主,霞又呈蓝色;当大气中的悬浮物半径大于 5 微米时,各种色光具有相同色散能力,所以天空呈现白色,没有霞。由此可知,霞是可能出现各种颜色的,这主要依悬浮物微粒的半径大小而定。

霞可以依据出现的方位和太阳位置而分为反射霞、透射霞。反射霞是太阳直接照射在悬浮物上,经过最后散射所剩余日光进入我们的眼睛,一般它与太阳处于相对的位置上,就是我们平常所看到的早晨当西边有云的时候,经太阳照射而成的朝霞和傍晚夕阳斜照在东边天空上的云彩所形成的晚霞。透射霞指的是阳光透过薄薄的云层经散射后,剩余日光为我们所看到的,它一般出现在与太阳相同的位置上。

另外,当空气中含有较大、较多水滴时,由于大水滴有吸收波长较长的光的能力,例如水滴吸收 0.7 微米波长的红光的能力比吸收 0.5 微米波长的青光的能力大 27 倍,所以霞的红颜色不很明显。而当云层较厚时,云层本身就比较灰暗,这时如果霞出现,则多带有红褐色或暗红色,它多是阴雨天气的先兆。相反,当空气中尘埃、水滴比较少时,空气散射蓝光就比红光厉害得多,此时霞的红色就显得很鲜明,呈干红色,它多为好天气的象征。

长期以来,我国劳动人民在长期的生活实践中,对霞这一自然现象有着深刻的感性认识。他们通过霞来了解未来天气的变化,收到较好的效果。掌握了霞的形成,我们确实可以通过霞出现方位与色彩来判断大气中尘埃、水汽等杂质含量情况,进而推断未来天气的变化。

霞谚语精解

日落西北满天红,不是雨,便是风

当太阳快落山时,西北部天空中的云彩被太阳照射呈现红的彩霞。它是一种透射霞。它的出现不但说明当时大气中的水汽、尘埃较多,而且大气中已经有云生成,降水可能性就更大了。我们知道地球是自西向东旋转的,天气系统也是自西向东运动的,这样,西北部的天气形势经过一段时间也就会到达或影响本地,所以民间就流传着"日落西北满天红,不是雨,便是风"的谚语。

朝霞不出门,晚霞行千里

早烧不起黑,晚烧晒死人

早上火烧不到中,晚上火烧一场空

早烧不出门,晚烧晒死人

早烧莫洗衣裙,晚烧明天天晴

早红雨淋淋,晚红晒脊背

早晨烧云懒出门,晚上烧云晒死人

今晚火烧云,明天烧死人

早起红霞雨连连,晚起红霞火烧天

早霞雨淋淋,晚霞晒死人

朝霞、晚霞这里指的主要是反射霞。早晨当太阳照射在西边的云彩上,经过云彩的散射,使云彩呈深红色,这就是朝霞。朝霞的出现说明西边天空已经有云存在,而早上起云主要是由于天气系统性原因而形成的。未来随着天气系统东移,本地将逐渐转受其影响,天气将转阴雨。而晚霞是指夕阳斜照在东边天空上的云彩,使云彩呈深红色。在这种情况下,一般西部天空没有云彩,太阳才能直接照射在东边天空,而东边天空上的云彩只会随着时间离本地愈来愈远,不会影响本地,而西边晴朗的天空也将会随时间逐渐移来,天气晴好。

另一方面,朝霞的出现说明早晨天空有云彩存在,表明天空状态不十分稳定,随着太阳升高,热力作用增强,对流进一步发展,云也会进一步发展,容易造成阴雨天气。相反,晚上由于太阳下山,空气层结逐渐恢复稳定,对流减弱,原来白天生成的云彩也将归于消散,天气一般晴好。可见,"朝霞不出门,晚霞行千里"是有一定道理的。

早日红热,晚日红雨

"早日红"说明东边的大气层中含有较多的水汽、尘埃等杂质,虽然水汽、尘埃等杂质都是云、雨生成的条件,但是它们将逐渐东去,对本地无影响,所以说"早日红热"。"晚日红"说明西边的大气中含有较多水汽、尘埃,具有一定降水条件,而且它会慢慢从西边移来,影响本地,因此说"晚日红雨"。当然,还要看其他条件是否具备。如果不具备,也不一定降水。

　　日出枯黄无雨;水黄胖有雨

　　日出黄光,明日炎炎

　　水黄胖,落得无床躺

　　当大气中只含有半径较小的微粒时(如在 0.5 微米以下),蓝色光散射最厉害,而红光散射最少,因此看上去红色就显得很纯,呈干红或橘黄色。可见,日出呈橘黄色,说明当时大气中水汽、水滴及吸湿性大粒比较少,一般天气晴好。相反,当大气中有较多的水汽、水滴及吸湿性大颗粒时,因半径较大,水滴更能够吸收波长较长的红光,这样,日光看上去就不会显得很红而呈水黄胖色。因此,当日出显水黄胖时,说明当时大气中已有相当的水汽、水滴和吸湿性颗粒存在,天气易于转坏。

　　早霞晚霞,无雨烧柴

　　根据徐光启《农政全书》,这早霞、晚霞主要是指久晴情况下出现的霞,这种霞与有云情况下形成的云霞不一样,它是由于天气久晴空气中水汽含量较少,而尘埃、微粒较多,这些尘埃、微粒吸收阳光中波长较短的色光如蓝、靛、绿、紫等,这些色光因改变反射方向,不易为人们所看到,红光因其波长较长,不易被尘埃、微粒吸收而被其散射,这样,被散射的红光便映红部分天空或大部分天空。这种霞的颜色多呈干红色,而不是褐色或暗红色。由于其水汽较少,因而虽有凝结核存在,也不易成云致雨。

　　青霞白霞,无水煎茶

　　青霞满过天,塘底都打穿

　　白霞就是没有霞,出现这一现象有两种情况:一种情况是空气较为干净,悬浮物较少,白色光较少被散射,阳光仍为白色光线;另一种情况是当空气中含有较大半径的悬浮物(如半径大于 5 微米)时,由于这些悬浮物对于各种色光具有相同的散射能力,因此天空呈一片白色,称为白霞,也称无霞。这两种情况都说明空气中水汽含量一般比较少。如果含有较多水滴,因水滴会吸收红光,白光中因红光减少而呈现别的颜色,所以白霞一般是不会成云降水的。青霞,而且是满天青霞,其实就是我们平时看到的湛蓝色天空。它是由于阳光进入高层空气中,青、蓝、紫这几种有色光因其波长短而被空气分子所散射,而在高层空气中进行漫反射,所以天空就呈湛蓝。我们能够看到的满天的湛蓝色,说明空气比较干净,没有云彩生成,因此一般情况下天气总是晴好的。"青霞白霞,无水煎茶",就是这个意思。

早烧有雨晚烧晴,黑夜烧了不到明

"早烧有雨晚烧晴"前文已有说明。这里主要解释"黑夜烧了不到明"。到了晚上,由于太阳落山一般不会有霞发生,云彩一般也都呈暗灰色。但是如果在离本地不远的地方有很高的云,如积雨云就可以发展到 10 千米左右高空,当太阳刚落山时,地面上虽然照射不到阳光,但是太阳仍然可以照射到高空中的云彩,使之呈红色或水黄色并为我们所看到。这就是所谓的"黑夜烧",它说明离本地西边不远的地方已经有高云或积雨云存在,未来将移来影响本地,出现阴雨天气(图 1-12)。

图 1-12　积雨云风暴晚霞

霞谚语集锦

早霞夜雨，晚霞火起

早霞烧天不到晚，晚霞烧天九天晴

早上放霞，等水烧茶；晚上放霞，干死青蛙

朝出红霞雨喳喳，暮出红霞晒破头

早霞天阴晚霞晴，黑夜烧霞等天明

早霞红丢丢，晌午雨溜溜；晚霞红丢丢，早晨大日头

红霞变黑云，将有大雨淋

夏季日落出蓝霞，三五日内要下雨

早霞红到顶，下雨会满井

朝出红霞，晚戴笠麻

早霞当日雨

早霞顷刻散，还是大好天

早霞红紫色，有雨不到黑

早霞不过三，不下就阴天

早霞多高云，晚霞放晴天

晚霞烧过天，明天起老烟

晚霞红艳艳，明日大晴天

晚霞不过顶，来日白雨淋

晚霞紫金黄，半阴又半阳

远看火烧天，明朝是晴天

晕、华

晕和华是由于光的不同作用，在太阳或月亮周围形成的白色或彩色的光环。

晕是由于当太阳或月亮的光线透过高而薄的白云（卷云、卷层云或卷积云）时，受到冰晶折射而形成的彩色光环，它的彩色排列是内红外紫。

华是当太阳或月亮的光线为薄云（高积云、层积云）所遮，光线在透过薄云时产生衍射现象而形成的彩色光环，它的色彩排列是外红内紫。

卷云、卷层云、卷积云主要是由冰晶组成。当阳光（月光）射到冰晶上时就会产生折射，但是，不是所有的折射光线都能形成晕，为我们所见到。许多折射光线是到不了我们眼睛的。当冰晶呈正六角柱体，晶体厚度必须大于光的波长时，在空中排列位置要使光线经过冰晶折射后能产生最小偏向角，同时具有一定数量的冰晶，才能产生晕的现象。所以说，不是所有卷层云、卷积云都能产生晕。

折射是光从一种介质进入另一种介质时产生的曲折现象。水凝华时形成的晶体是六面体。我们知道正六面体面与面之间夹角是 $120°$，当光从晶体一个面射入时，在邻近面被全反射不能透过，但是光从晶体一个面射入时可以从另一个面折射出来，这样就相当于光通过一个 $60°$ 的棱镜（三棱镜）（图 1-13），当光通过冰晶时产生折射、色散现象。现在我们来分析光进入正六角形晶体时的折射情况。如图 1-14所示，当光线 S 从大气中照射到冰晶的一个面时产生折射，折射线在冰晶内沿 N、M 前进，到 M 点又产生折射回到大气中，这时 SN 光线经冰晶二次折射后沿 MS' 传播，它偏离原来传播方向为 $\angle D$。

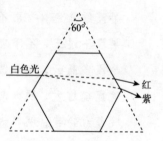

图 1-13　冰晶分光原理

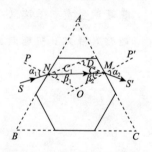

图 1-14　22°晕折射路线分析图

从图中可以看出：

$$\angle D = \angle C_1 + \angle C_2 = (\angle \alpha_1 + \angle \alpha_2) - (\angle \beta_1 + \angle \beta_2)$$

根据上面公式和已知各种色光对冰晶的折射率，就可以计算出最小偏向角。红光最小偏向角为 $21°34'$，紫光最小偏向角为 $22°22'$，其余介于它们之间。

如图 1-15 所示，当云中存在大量冰晶时，每个冰晶都要对阳光（月光）产生折射，因此对于每个冰晶来讲都形成一个光锥，这个光锥是由棱体折射出来的，光锥的角半径也将是 $22°$。能进入我们眼睛的角半径也是 $22°$。因此我们日常所看到的晕多是 $22°$，由于红光最小偏向角最小，紫光最小

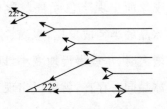

图 1-15　22°晕形成路线示意图

偏向角最大，所以晕的色彩排列是内红外紫。但有些光的折射的偏向角不是 $22°$ 而是大于 $22°$（没有小于 $22°$ 的），所以晕外的区域的光就比晕内显得更亮些。

我们日常所看到的晕就是这种折射晕，它只能在冰晶云中形成，所以晕只能在卷云、卷层云、卷积云中出现。由于卷层云比较均匀，晕主要出现在卷层云中。

在实际生活中，我们不但可以看到 $22°$ 晕，有时还可以看到 $46°$ 晕。这种情况是产生于光线不是从六角柱体侧面射入，而是从六角柱体顶部射入，从一个侧面折射出来时，但是这种折射最小偏向角不是 $22°$。经过计算可知，这种偏向角最小值是 $46°$，因此看到的晕是 $46°$ 晕（图 1-16）。

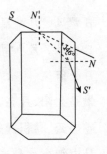

图 1-16　46°晕折射路线图

除了晕可在月亮、太阳周围形成彩色光环外，我们还可以发现，当太阳或月亮被很薄的云所遮挡时，在太阳或月亮周围这一圈显得特别明亮，尤其是紧贴日月周围更明显，像擦了的黄铜一般（当然必须戴着色镜看），这就是我们通常说的"华盖"。有时还可以发现"华盖"的外面有一圈彩色光环，光环的色彩排列刚好与晕相反，呈内紫外红，这就是我们日常所说的"华"。

华主要是阳光、月光被半径极小的水滴或冰晶衍射而产生的现象。

在实验室里，我们拿一根羽毛观看光源，就可以看到光源周围有一道彩色

光环,这是因为光线通过极细小的羽毛缝隙时产生的衍射现象(图 1-17)。同样道理,当太阳光或月光透过较薄的云层时,如果云层是由半径很细小的水滴或冰晶组成的,同样也可产生这种衍射现象而出现彩色光环。彩色光环视半径与水滴

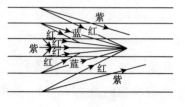

图 1-17 华的衍射图

冰晶的半径成反比,水滴、冰晶半径越大,华就越小,当水滴和冰晶的半径逐渐增大时,华就慢慢地变小,以至最后消失。如果云中有几种不同半径的水滴和冰晶同时存在,就可以出现几道光环。

光线在衍射时产生的偏向角不但与障碍物半径成反比,同时也与光的波长成正比,波长越长,偏向角越大;波长越短,偏向角越小。因为紫光波长最短,所以偏向角也最小,红光波长最长,所以偏向角也最大,因而华的颜色一般呈内紫外红。

晕、华谚语精解

日晕风,月晕雨

日枷风,月枷雨

月晕而风

晕是太阳、月亮光线照射到卷层云、卷积云上形成的光的现象。

卷层云、卷积云是一种很高很薄的云。由于高度高,所以卷层云、卷积云基本上是由细小冰晶形成的,这时本地一般还是晴好天气。而卷层云的出现意味着有暖湿气流侵入高空。这种现象一般发生在暖锋[①]前部,它说明在本地不远的地方(几百千米)有一个暖湿空气与冷空气交锋的地带。冷空气在下,暖空气在上,沿冷空气斜面缓慢上升,上升的暖空气上升到一定高度(凝结高度以上),由于暖湿空气在上升过程中逐步变冷,水汽逐步凝结成水滴形成云。形成的云由地面暖锋向前逐步出现浓厚的雨层云,有降水发生,而后云层逐渐变薄,云底

①暖锋是指暖气团向冷气团方向移动的一种锋。

高度逐渐抬高,形成高积云、高层云、卷层云、卷云。在 6 千米以上高度时,温度一般在 $-20℃$ 左右,同时由于暖空气上升到这个高度时,水汽因逐步凝结也大量减少,所以只能形成细小的冰晶,另外由于水汽在上升过程中是慢慢地变冷,凝华和冻结过程也是慢慢地进行,这样所形成的冰晶多是正六角形柱体,因此才能产生晕的现象。我国大部分地区暖锋是从西向东移动的。看到晕说明本地已处于暖锋前部,随着锋面①移来,天气将会变坏,产生刮风下雨天气。但是,不是所有卷层云出现的晕天气都将转坏,还应当结合当时天气状况。如果以后冷空气势力加强或暖空气势力减弱,那么暖锋不会移来影响本地,天气将不会转坏。所以说利用气象谚语作预报不可以看到一种天气现象,套上谚语就立即下结论。一般说来,只能够说一种现象提示一条预报依据。

月晕开门,随见风狂;开门所向,风从何来

前面讲过晕的形成主要是卷层云上冰晶折射月光的结果,一般是在暖锋云系中形成的。暖锋云系前部先是卷层云,晕是完整的,它说明地面锋线②离本地尚远,风雨不会立即就来。随着锋线慢慢靠近,卷层云逐渐为高层云所代替,而卷层云则慢慢地移过本地,就出现"晕开门"现象。因此,"晕开门"说明锋线已经快移到本地了,当锋线移来时,系统的阴雨天气也会移来,而锋线附近由于气压变化较大,风力一般也较大。这便是"随见风狂"之说的缘由。开门的方向也是锋移来的方向,因此说风从何来要看开门所向。

午后日晕,风势须防

正常情况在单一气团③控制下,风的日变化情况是早晨小,中午前后逐渐增大,午后又慢慢地减小。这是因为,午后太阳光逐渐减弱,对流也逐渐减弱,

①两种不同性质的气团发生相互运动时,在其交界面上相互作用就构成锋面。锋面即是两种不同性质气团的交界面,通过锋面的各种气象要素和天气现象变化都很剧烈,在锋区中各种气象要素都呈不连续分布状况。

②由于锋区水平宽度很狭窄,因而它在天气图上往往表现为一条线,此线就称为锋线,简称锋。

③人们把空气中各种物理量如温度、湿度、气压等分布都比较均匀且呈连续性变化的大块空气(成百上千千米范围)称为气团。

空气层结也渐趋稳定,因此风力也逐渐变小。如果午后出现晕,可见系统就要移来影响,风势不但不会减弱,而且呈现大大加强的趋势。所以说"风势须防"。

日晕三更雨,月晕午时风

前面已经讲过当本地看到晕时,天气一般是晴好的,天空中只有一层高而薄的卷层云,地面锋线离本地还有几百千米左右,要经过一段时间,锋面才会慢慢地移来影响。这里,从白天到半夜三更,从晚上到第二天中午,都是指间隔一段时间,不是一定在三更、午时。至于间隔时间多长,一要看锋面离本地距离远近,二要看锋面移动快慢程度。

日月周围有黄圈,下雨就在一天半

日月周围有黄圈是指在太阳、月亮的四周有一黄色光圈。它说明大气中水汽含量较大,尘埃、冰晶等大颗粒也相当多。这样,阳光、月光中蓝、靛、紫部分光被散射,而红光又被大水滴所吸收,因此剩余的日、月光呈现黄色,在月亮、太阳的外面看起来似乎有黄圈。晕后再出现这种情况说明暖空气很潮湿,而且快移到本地了。这里,"一天半"是快来的意思,不是说一定要等到一天半。

月晕没门,半夜雨沉沉

晕既然是卷层云中冰晶折射阳光、月光时所形成的,如果我们所指的暖锋势力不强或空气不够潮湿,那么它在沿冷空气斜面上升时就不可能达到很高的高度,即使达到很高的高度,也会由于水汽不足而形成的冰晶有限,这时我们所看到的晕就只能是一段或残缺不全,出现这种情况时天气不见得就转坏,或许只是一个阴天过程。如果暖空气势力很强,水汽又很充足,那么它就有足够的力量到达很高的高度,而且可以形成足够的冰晶,这样所形成的晕就是全晕,也就是气象谚语中所说的"没有门",出现这种情况,风雨到来的可能性更大些。

月亮长毛,有雨明朝
月亮生毛,大雨滔滔,大毛大雨,小毛小雨
月茫茫,水满堂

月亮长毛，一般是指碧空无云晴好天气下月亮发芒现象。它既不是晕，也不是华，而是在当时空气中水汽比较多的情况下，月光透过水汽时，被水滴或空气中微粒散射的现象。这时空气中水汽或吸湿性大粒，半径一般较大，具有对各种光波相同的散射能力，因此我们看起来月光发芒。另外，它也说明当时大气不是十分稳定，有湍流现象存在。因为空气中充满水汽和吸湿性大粒，成云降水的条件已经部分具备，如果有一定外力影响，就立即可以生成云或降水。"月亮长毛，有雨明朝"，一则说明如果长毛现象是系统影响所致，那么从长毛到系统到来也要间隔一定时间，这里"有雨明朝"，就是间隔一定时间的意思；二则如果不是系统影响所致，那么由于水汽、凝结核、大气不稳定度等条件已经具备，第二天白天在热力作用下容易发生对流现象，以致成云致雨。

月亮打伞，好不过三

"月亮打伞"是指在无云或少云的夜晚，在月亮周围有一光轮，有时呈红色，人们称之撑红伞；有时呈黄色，人们谓之撑黄伞；有时呈蓝色，人们谓之撑蓝伞。月亮撑伞现象主要是由于月光透过空气时受到空气中空气分子、悬浮物、水汽等物质颗粒散射后所剩余光衍射而成的。当空气中悬浮物和水汽比较多时，散射光也越多而青蓝紫散射也越多，剩余光就只能是红、橙、黄、绿。这时，月亮就"撑黄伞"。当空气中水汽、悬浮物很多时，连绿、黄光也被散射殆尽，这时月亮就"撑红伞"。当空气中水汽很少，悬浮物半径也很小时，月光被散射不多，紫光被吸收，红、橙光被折射，黄、绿、蓝、靛衍射力最强，月亮"撑蓝伞"。因此月亮撑伞时说明空气中有悬浮物水汽存在（当然是指一般情况而言），天气可能变坏。但是撑不同的伞就说明空气中水汽、悬浮物含量也有多寡、大小之分。"撑红伞"变坏快，"撑蓝伞"变坏慢。虽然说当时天气情况是晴好的，但是已蕴涵着不利的因素，因此有"月亮打伞，好不过三"之说法。

大华晴，小华雨

从华的形成原理我们可以知道，华是由云中小颗粒衍射阳光、月光而形成的。华的大小与云中水滴、冰晶的半径成反比，水滴、冰晶的半径越小华就越大；水滴、冰晶半径越大，华就越小。我们看到华由大变小说明，云中水滴、冰晶半径越来越大，天气将逐渐转坏。相反，华由小变大，说明云中水滴逐渐变小，系统逐渐趋于稳定，天气将转好。也就是说，华越大，空气中水滴、冰晶、悬浮物越小，天气也越好。相反，华越小，说明空气中水滴、冰晶、悬浮物半径越大，天气将转坏。

晕、华谚语集锦

春晕雨，夏晕晴

太阳打晕天下雨

太阳打伞，快有雨下

太阳担枷，雨水没坝

日晕当头歇，有雨不过夜

日晕长江水，夜晕井水干

日晕江水涨，夜晕断水流

日晕不过三，过三老旱天

日晕涨江水，月晕井也枯

日晕雨打田，月晕火烧天

日晕田中水，月晕井中干

日晕田生水，月晕火烧天

日晕对月晕，挑水浇菜园

日枷长流水，夜枷海也干

日戴帽，晴天告；月戴伞，雨快到

日戴枷，大雨沙沙；月戴枷，晒树桠

太阳月亮穿外衣，不是刮风就下雨

太阳打伞雨淋淋，月亮打伞天天晴

太阳打伞，有雨在喊；月亮打伞，无水洗面

虹

虹是人们经常看到的自然现象,每当五彩缤纷的彩虹当空挂时,人们都会情不自禁地从屋内跑出来观看这种大自然美景(图 1-18)。人们经常看到的只是一条虹,偶尔可见两条虹。但是天空中不但可以同时出现两条虹,也可以同时出现三条虹、四条虹。例如,1948 年 9 月 24 日下午 1 时左右,在原苏联列宁格勒(现圣彼得堡市)涅瓦河上空就曾出现过四条彩虹。

图 1-18 彩虹

一提到虹,人们经常会与雨联系在一起,认为雨后才能出现虹。其实,这种看法不是很完整的,雨后固然经常有虹出现,但是雨前出现虹也不是完全没有的。另外人们在西湖玩耍时,也经常可以看到喷泉周围也会出现彩虹。说虹仅在雨后出现,是因为对虹的成因尚不十分了解,如果对虹的成因有了一定了解,那么就会知道只要空气中存在有形成虹的条件,都可以出现虹,不一定要在下雨之后。

那么,虹究竟是如何形成的呢?

前面已讲过,当阳光透过三棱镜分光之后会引起色散现象,白光就被分解成红、橙、黄、绿、蓝、靛、紫七种单色光,这与彩虹的颜色倒是很相似的。大家知道,空气中是不可能有三棱镜存在的。但是为什么会产生如此相似的现象呢?其实这是因为在产生彩虹时的大气中存在许多小雨滴,就是这些小雨滴扮演了三棱镜的角色,使阳光引起色散而形成虹。

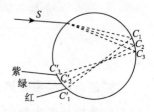

图 1-19　虹的形成

阳光在小水滴中如何引起分光色散的现象呢?

我们知道,水和空气是两种不同介质,如图 1-19 所示,当阳光 S 从空气中进入水滴时,光线就会产生折射现象,由于构成白光的各种单色光折射率并不相同,紫光折射率最大,红光折射率最小,因此光线在水滴内就产生分光现象,同时在水滴内继续传播,当光线到达雨滴外缘 C_1、C_2、C_3 时就会产生全反射到达界面 C'_1、C'_2、C'_3 上,以后又经过第二次折射回到空气中。这样阳光在水滴中进行了两次折射和一次全反射后就被分解成红、橙、黄、绿、蓝、靛、紫七种单色光了。

由于空气中存在大量的水滴,每个雨滴都对阳光进行这种折射、反射、再折射作用,这种作用在每个雨滴中是同时进行的。

在看虹时,大家都清楚,观察者必须站在太阳与折射阳光的雨滴所组成的屏幕中间,背向太阳,这样有色的光线依着各种角度从水滴中反射出来,对于某一个质点来讲只能把某一种颜色的光线射入观察者眼睛,而从同一雨滴中折射出

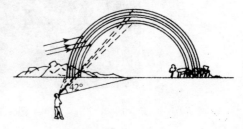

图 1-20

来的其他有色光或高或低地越过观察者的眼睛,不为观察者所看到(图 1-20)。

从图 1-20 可以看出,从位置最高的水滴(指能进入我们观察者的眼睛的最上限)所折射的光线中,由于红光折射率最小,偏向角也最小,所以才能进入我们的眼睛。我们看到的只是红光,其他色光由于折射率大,偏向角也大,都越过我们的头顶而去。稍低一点的水滴,也就只能是在折射光线中偏向角比红光大比其余光小的橙色光进入我们的眼睛,为我们所看到。其余光中,红光偏低,黄、绿、蓝、靛、紫都偏高,越过我们眼睛不为我们所见。以此类推,在最低一层

中(也是指进入我们观察者的眼睛的最低下限)水滴折射后,我们能见到的只能是紫光,其余色光都从我们眼皮底下溜走。从这样邻近的雨点中折射出来的光线,就形成一条内紫外红的彩色光带。

如果我们仔细观测可以发现,当我们看到虹时视夹角大约都在 42°左右,而且虹内天空要比虹外来得亮,

这究竟又是怎么发生的呢?

如图 1-21 所示,阳光在雨滴中折射情况与冰晶中情况一样,也存在一个最小偏向角,水的折射率为 1.33,据此可以算出它的最小偏向角为 138°。从图 1-22 可以看出,我们看到虹的视半径为 42°。由于 138°是最小偏向角,所以偏向角可以大于 138°,可见当偏向角大于 138°时,光线经折射后就照射在 42°以内也就是虹内(这与晕刚好相反),所以虹内天空看来要比虹外天空更亮一些。

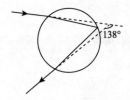
图 1-21　光在雨滴中衍射后偏向角示意图

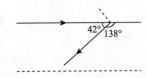
图 1-22　42°虹形成原理图

虹的色彩和宽度与雨滴直径大小有关,雨滴越大,虹越窄,色彩也越鲜明;相反,雨滴越小虹带越宽,色彩越淡;当雨滴小到一定程度时,虹就消失。

平时我们看到的大多是一条虹,但有时也能看到两条虹,在天空上,一上一下排列,它们之间色彩排列刚好对称,下面的内紫外红,我们称之为主虹,而上面的内红外紫,我们称之为副虹,也叫霓。

霓又是怎样形成的呢?

霓是阳光在雨滴中经过两次全反射,两次折射而形成的。即折射—全反射—全反射—折射而形成的。如图 1-23 所示,当光线 S 进入雨滴后,先发生一次折射分光,而后分别在雨滴后缘 B_1、B_2 处发生两次全反射后到达 C 处,又在 C 处通过一次折射后重新回到空气中,这样它的

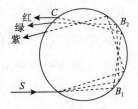
图 1-23　霓的光线
折射路线图

色带排列与形成主虹时完全相反。形成主虹时,通过雨滴作用最后形成下紫上红排列,而形成霓时,通过雨滴作用最后形成下红上紫的排列,所以虹与霓的色彩排列也是相反的。它的视角度为 51°,形成双虹时,两虹之间天空比较暗,虹内、虹外天空都比较明亮。

前面讲过,虹不仅可以出现两条,还可能出现多条,甚至还会出现由于光的衍射作用而在虹的内侧产生几条附属弓,它也是一种特殊的虹。

由于虹的形成直接与空气中雨滴的存在多寡、大小有着直接关系,因此据虹的存在及其大小可以判断空气中雨滴存在的情况。用虹看天气也是一种比较切实可行的办法。我国劳动人民在这方面也积累了相当丰富的经验,并流传着许多与虹有关的谚语。

虹谚语精解

晚虹日头早虹雨

东虹太阳西虹雨

早虹雨,晚虹晴

虹是天空中出现的圆弧形彩色光带,像拱桥一样。当天空中出现虹的时候,说明空气中已经有大量雨滴存在。就是由于这些大量雨滴折射阳光才产生虹这种美丽的天空现象。虹与阳光总是处于相对位置上的,早上出现虹,一定在西边,晚上出现虹,一定在东边。早上出现虹,说明西边大气中已经有一定数量的雨滴存在,未来西边的天气系统将逐渐东移影响本地,因此天气也将转坏。晚上出现虹,虹一定在本地的东方,它说明东边大气中有大量雨滴存在,我们知道天气系统一般是从西边向东边移动的,所以在东边的系统也将逐渐东移,更加远离本地,不会影响本地,因此天气一般仍为晴好。

虹高日头低,早晚披蓑衣

虹高日头低,大水没过溪

虹是由于日光照射在含有大量雨滴的空气（或云）中，由于雨滴对阳光折射而形成的。当太阳视角度很低时，而照射角度却比较高，所以虹也比较高，有时可以出现在天顶附近，这样就成了虹高日头低的现象。出现这种现象说明空气中有对流比较旺盛的云彩，如积雨云它可以伸展到很高的位置，当阳光照射到云上时也可能出现虹。另一方面也说明在高层空气中雨滴较大，含量较多，因此在较高位置才能出现虹。两种情况都说明本地区处在不稳定的天气系统控制下，并且水汽比较充沛，未来形势继续发展，就很可能出现阴雨天气，预示未来可能下雨。

断虹见，风随见

断虹早见，风雨即见

我们知道虹的形成与空气中雨滴有直接关系，雨滴越大越多，虹的色彩也越鲜艳、越窄，而空气中雨滴越小，虹的色彩也越暗淡，而虹也越宽大，随着雨滴的变小或雨滴变少虹都会慢慢地消失。所以说，虹的色彩如果从鲜艳变为暗淡，宽度从狭窄变为宽大，就都说明空气中雨滴由大逐渐变小，由多逐渐变少，空气可能逐渐转向稳定。但是这是对整条虹来讲，如果整条虹不是逐渐消失而是中间出现缺口，即消失一点乃至几点，这并不说明空气中雨滴变小或变少，而是说明空气中存在比较强的湍流、对流，使空气中的雨滴分布不均匀，或大或小，或多或少。这样就会出现断虹现象，说明空气中不但有成云致雨的大雨滴存在，而且也存在使水汽、雨滴成云致雨的动力条件，大气层结处于不稳定状态，特别是上午出现断虹，随着热力影响，对流将会加强，很有可能发展成积雨云而下阵雨，因此便有"断虹早见，风雨随见"之说。

虹吃云下一指，云吃虹下一丈

"虹吃云"是指雨过虹现的现象，它说明大气中的大雨滴已经下过了，而漂浮在空气中的一些雨滴在阳光照射下形成的虹，而此时云已消散（即"虹吃云"）或基本上消散，因此一般不会再下雨，即使有雨也不会大。"下一指"说明只能下些小雨或天气即可转晴的意思。"云吃虹"是指位于太阳一方的云突然增长，浓云密布遮住阳光而使虹消失。在这种情况下，虹的消失不但不能说明空气中雨滴变小或变少,相反说明空气中不但存在大量雨滴,而且云的发展也会对未来天气有影响。它一般预示大雨将要来临。

雨后虹垂,晴明可待

"雨后虹垂"是指雨后彩虹高度逐渐降低这一自然现象,说明空气中雨滴逐渐下沉,仅在低层空气中有水汽存在,而高空中云已经逐步消散形成无云或少云的天气。这样随着水汽继续下沉,空气逐渐转向稳定,空气中水汽含量减少,天气逐渐转晴,所以说"雨后虹垂,晴明可待"。

虹谚语集锦

满天虹桥放心走

大虹风,小虹雨

虹出东,必有风

虹在西,要落雨

一虹在东,一日三桶

日胜则晴,虹胜则雨

日出东北虹,无雨必有风

早见西天虹,有雨不到中

虹边模糊雨将临,虹边清楚天将晴

东虹日头西虹雨,南虹出来下大雨

虹打东,一天一通;虹打西,干断河溪

虹拦东,有雨不凶;虹拦西,快找蓑衣

一虹虹东,干断河东;一虹虹西,干断河西

有虹在东,有雨落空;有虹在西,行人穿蓑衣

弯虹闪东,有雨落点;弯虹闪西,大水倒堤

雨天见东虹,必定要天晴;雨中见西虹,大雨来送情

其他大气光现象谚语精解

日落胭脂红，无雨便是风

太阳落山时，若呈深红色，说明大气中含有较多的水汽和杂质，因此蓝色的阳光被大气散射殆尽，只剩下波长最长的红光，所以我们所看到的太阳颜色呈胭脂红。由于大气中已经含有较多的水汽和尘埃等杂质，一般致阴雨的可能性较大些。但是，应该指出大气中仅有较多水汽和尘埃（主要起凝结核作用），如果没有其他条件（如系统影响、山地作用、热力对流等）的影响，是不足以形成降水的。因此，"日落胭脂红"，只能说明未来天气阴雨可能性较大，还要看其他条件是否已经具备，如果具备，才可能说天气将转阴雨，否则是不可能出现"无雨便是风"的现象的。

月色胭脂红，非雨就是风

我们现在知道，月亮本身是不会发光的，它主要是反射太阳的光线，所以月光也主要是白光。当空气中含有半径较大的悬浮物时，波长较短的绿、青、蓝、紫先被散射掉，这样我们所看到的月亮就主要是胭脂红的颜色，于是便产生"月色胭脂红"的现象。它说明大气中已具备相当多的水汽与杂质，此时，只要再有一定的外力影响，就可以致雨。

明星照湿地，下雨无定期

雨后见星，难望天晴

这两条谚语均指下雨之后，夜晚天空中偶尔看见几颗星星，这是由于下雨的云层中的厚薄不均匀所致。当云层厚的时候，看不到星星；当云层比较薄时，就可能看到星星。而云层之间有间隙存在，在间隙之间可能无云也可以看到星星。看到这种星星不能说明下雨的可能性已不复存在，而是说明这种不下雨只是暂时现象，当薄云或间隙移过，又会下雨，或许晚上不会下雨到了白天，地面温度升高，空气中不稳定因素加强，对流加强，又可能形成降水。

星星眨眼，离雨不远

闪烁星光，雨下风狂

这主要是指晴朗无云的夜间，我们看到天空中星星闪烁不定，也就是所谓"星星眨眼"。它的形成原因主要是因为空气层结相当不稳定，有湍流存在。当上升气流加强时，就把低层空气中尘埃、水汽带向高空集中，挡住了部分星光，这时星光就显得比较暗淡；当上升气流减弱时，尘埃、水汽就下降或散开，星光又复明亮。当空气不稳定现象往复进行时，就产生了星星眨眼现象（特别是晚上）。这种现象多处于低压区或低压槽前，所以它说明未来低压系统将要移来，天气可能转坏。

当空气发生扰动或受热力影响产生对流，或受外来空气影响使空气水平方向和垂直方向密度不断发生变化，这种变化引起星光不断发生折射改变方向，于是看上去星光也似乎发生眨眼现象，这种现象也说明空气层结不稳定，或许有新的天气系统影响，一般也预示天气将转坏。

日头出得早，天气靠不牢

晴朗的夜空，夜晚冷却加强，特别近地面散热更厉害，温度降低，而空中（1 000米左右）空气一方面向太空散热，另一方面却得到地面辐射上来热量的补充加热，这种现象使得在这一层空气中热量散失比近地面慢多了，因而就产生了一层逆温层①。逆温层的产生使大气层结变得更加稳定，于是底层空气中的水汽、尘埃不易向空中散开，都集中在近地面层。早晨太阳刚出来时，被这一层尘埃、水汽所挡，不能马上就看到。等太阳升到一定高度，增热使逆温层破坏，近地面水汽、尘埃向空中散开时才能看到太阳。所以，在晴好天气下，早上看到太阳一般就比较迟。但是如果有新的天气系统移来（像锋面、低槽等），那么逆温层就会被破坏，集结在近地面的水汽、尘埃在湍流作用下向空中散开，这样，天边就显得格外洁净，太阳一出来就为我们所看到，因此好像太阳出得比较早些。

---

①逆温层是指温度随高度分布不但不随高度升高而降低，反而随着高度升高而上升。它与正常情况下温度随高度分布呈相反状态。

众星光明定主晴，疾闪不定则主雨

夜里星光明，明早依样晴

夏夜星出来日热

夜里众星明朗，这说明空气中盛行下沉气流，才形成晴朗无云的天空，而且空气中水汽、尘埃和吸湿性大粒都比较少，空气层结比较稳定。同时，由于水汽、尘埃、吸湿性大粒含量较少，散射也少，许多原来不是很明亮的星星都能被看到，这样看起来星星就比较多些。出现这种情况，本地多处于高压区，在高压控制下，天气一般为晴好。如果星光闪烁不定，说明虽然当时还于处高压区，但是低槽即将移来，天气也将转坏。

其他大气光现象谚语集锦

日出东南红，无雨必有风

日出早发红，必定天不晴

日出红要雨，日落红要晴

日出丹，不过三

朝看日头红，夜看鸡入笼

朝红暮落雨，暮红干到底

太阳一出似火红，无头无雨刮旱风

东边发红日头红，西边发红雨重重

太阳白，大风刮

日出色白兆大风

早白暮赤，飞沙走石

日出白茫茫，地上水汪汪

日出灰黄色，明天是好天

太阳发黄，午后风狂

反照黄光，明日风狂；午后云遮，夜雨滂沱

日光转青，必有长晴

日有光彩，久晴可待

太阳倒笑，晒破核桃

日生须，穿蓑衣

太阳长胡子，不晴也有雨

太阳撑脚，今日不落明日落

日落三支箭，隔天雨就现

太阳伸腿，阴雨来临

日落西方黄，大风吹倒墙

日落黄光反照，明天西风要到

夕阳西下闪金光，来日红火大太阳

月色朦胧，不雨就风

月色白主晴，月色赤主风，月色青主雨

月蓝有雨，日蓝有风

月边生横云，明日雨倾盆

月牙儿挂，天不下；月牙儿躺，雨水广

星光闪烁，定有雨作

星光灰闪闪，明日打雨伞

满天星星把眼闪，来日出门拿把伞

星星跳，雨如倒；星星稠，大水流

星儿摇，出风暴；星眨眼，雨不远

久晴星密雨，久雨星密晴

星星稠满天，不久要变阴；星星空稀稀，晴天不出奇

黄昏星，雨来淋；半夜星，天气晴

星光青，大雨迎

星星黄，大风狂

星星白，冷难挨

第二章

雾·露·霜

　　雾、露、霜是低层大气中水汽凝结的三种不同形式。

　　雾是低层大气中，经过冷却作用，空气中水汽产生过饱和状态，多余水汽便凝结成小水滴悬浮于空气之中，而使水平能见度大大恶化，这就形成了雾。

　　露是近地面的空气中水汽由于冷却作用，凝结出来的水珠附于物体或地表的现象。

　　霜是近地面空气中水汽，直接凝华在温度低于0℃地面或近地面物体表面上的白色松脆冰晶。

　　雾、露、霜在形成过程中要求的条件各不相同，因此产生的结果也很不相同。它们分别为悬浮于近地面空气中或依附于地表及地面物体分别呈液态、固态不同形式。但是，它们之间也存在许多相同地方，即它们都是在比较潮湿的空气中因冷却作用形成的。这两个基本条件一个也不能缺。

水的三态——气态、液态、固态

我们平常可以看到，打开烧开了水的锅盖，一股热气腾空而起，这股可以看见的热气（实为小水滴）慢慢地就消散得无影无踪（图 2-1）。这是因为沸腾的水汽遇冷变成小水滴又很快蒸发变成水汽进入空气的缘故。

图 2-1　水从液态变为气态

当然，水从液态变为气态不但在烧开的水中可以进行，而且在平常温度中不断地发生。比如，洗过的衣服放在太阳底下晒一会儿衣服干了，水没有了。这是因为水变为水汽散逸到空气之中的缘故。

冬天，我们拿一茶缸水放在屋外，第二天清晨我们可以发现水被结成了冰，这时，水从液态变成固态——冰。可见，水可以以气态、液态、固态三相而存在于自然界之中。

那么，水是如何从液态变成气态、固态的呢？

我们知道，水是可以流动的液体。水分子之间互相吸引的力称为引力。水分子之间吸引力比固态物体分子之间吸引力小得多，而比气态物质分子之间吸引力大得多。因为水分子之间吸引力只能够使水分子在液体内自由移动，但不能够离开液体本身，这是为什么呢？这是因为要想离开液体内部不但要克服分子之间吸引力，而且还要克服液体表面的表面张力，在一般情况下水分子所具有的活动能量是不足以克服这个吸引力和表面张力的，所以水分子就不能进入空气之中，在这种情况下水就呈液态存在。

要使水从液态变为气态，这就必须使分子活动能量加大，使水分子获得很大的能量，使它有能力冲破表面张力而进入空气。加热过程就是这样一种过程。水受热后，水分子因受热能量增大，当水分子能量大到一定程度之后，就可以冲破表面张力而进入空气，这样液态的水就变成气态的水。这种由水变为水汽而进入空气的物理过程叫做蒸发。在自然界中，所有含有水的物质如江、河、湖、海、土壤、森林、各种动植物每时每刻都在进行着蒸发、呼吸或蒸腾。

自然界中的蒸发虽然每时每刻都在进行,但是,蒸发的速度却各不相同,纯水的蒸发速度一般比含有杂质的水蒸发率大。这是因为,当水中溶有别的物质时,别的物质分子就与水分子牢牢地结合在一起,这种吸引力比水分子之间吸引力大。由此可知,要使含有杂质的水分子冲破分子之间吸引力,比纯水中水分子要冲破水分子之间吸引力要来得大,因此蒸发就比纯水来得困难。这也就是海水的蒸发率比纯水小的缘故。

不同的表面对蒸发率也很有影响,如图 2-2 所示,三种不同的表面,A 点水分子所受的其他水分子引力最小,所以最容易蒸发。相反 C 点水分子所受其他水分子引力最大最不易蒸发。B 点介于二者之间。由此可见,凸面的蒸发进行得最快,凹面的蒸发进行得最慢,平面蒸发介于二者之间。

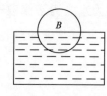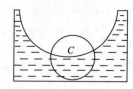

图 2-2　液体不同曲面对水分子的引力

蒸发是水变成水汽进入空气的一种自然现象,这种现象是否能无限制地进行下去呢?也就是说,空气容纳水汽的能力是否无限大呢?当然是不可能的。空气所能容纳的水汽是有一定的限度的,达到这个限度则称这时空气中水汽处于饱和状态。处于饱和状态的空气所含有的水汽即空气所能容纳水汽的最大限度,超过这个限度蒸发就停止。

实践证明,空气所能容纳的水汽含量与温度成正比,温度越高所能含的水汽越多,温度越低所能含的水汽越少。如图 2-3 所示,1 米³ 的空气在 −20℃ 时只能容纳 1 克水汽。当温度升到 20℃ 时同样体积的空气却能容纳 17 克的水蒸气。另外,在相同温度下,水面所能容纳的水汽比冰面来得大,凸面比凹面来得大,溶液浓度小的液面比浓度大的液面来得大。

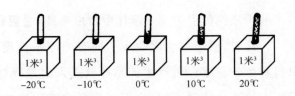

图 2-3　在不同温度下 1 米³ 饱和空气所含有的水汽量

由上可知,水的蒸发速度与空气中水汽含量成反比,也与相对湿度①成反比,当相对湿度达到 100% 时蒸发就停止进行。当然,蒸发的快慢与乱流、风等其他因子也有关系。

水可以通过加热使水分子得到能量而逃逸到空气之中,使水汽化。那么水汽是否能重复变化为水呢?

冬天,我们在屋内烧火取暖,如果在火炉上放一个水锅,里面装满水,这时锅里的水受热逐渐变为水汽,飘逸到空气间。我们发现锅里的水因蒸发而逐渐变少,但是我们还可以发现在窗户的玻璃片上会布满水珠。这显然是室外气温很低,玻璃片也很冷,这时当水汽碰到冷的玻璃片时,立刻变为水珠而凝结在玻璃片上,这种由水汽变为水的过程,就是我们平常所说的凝结过程。

水由气态变为液态的过程,称为凝结过程。水汽的凝结过程,一般情况下有两种形式:一种是空气已经是呈饱和状态,这时如果仍有水汽闯入空气中,由于空气不能再容纳下这些水汽,因此就有一部分水汽凝结成水珠,这是一种凝结过程;另一种就是原先空气中水汽虽然并未达到饱和状态,但是此时空气被冷却,我们知道温度低的空气所能容纳的水汽少,因此当温度降低冷却时,原先没有饱和的空气便达到饱和,以后随着温度继续下降,空气又从饱和状态达到过饱和状态,这时多余部分水汽就可能凝结成小水滴,这就是第二种凝结过程。

上面我们简单地叙述了水从液态变为气态,又从气态变为液态的过程,现在我们再来看一看从液态变为固态和从固态变为液态是如何进行的。

要使液态水冻结成固态的冰,最重要的一个条件就是使之冷却,也就是说使它的温度降低。这是因为,当水的温度降低时水分子活动能力愈来愈小,以

①实际空气中所含的水汽压与在同温度下空气中最大的水汽压之比用百分数表示称为"相对湿度"。实际上它是一个表征空气中所含水汽与饱和水汽压之间距离大小的物理量。

至最后不能摆脱水分子之间吸引力而在液体中自由来往,它们只能在邻近的水分子之间来回摆动。这时,液态的水就变成了固态的冰了。应用这个原理,我们在夏天也可以得到冰。制冰厂里产生的冰棒就是人为地降低温度使水冻结成冰。相反要使固态的冰变成液态的水,那么就要增加适当的热量,使水分子增大活动能量。升高温度,加热是固态冰变成液体的水的一个重要条件。

水从固态变为液态的物理过程就是融化过程。

知道了水从液态变化为气态、从液态变为固态、从气态变为液态、从固态变为液态这四种变化过程,是否就全部地概括了水的三相转变过程呢?只有这四种转变过程还是不全面的,现在我们来认识一下升华和凝华两种物理过程。

在气温相当低的冬天,拿一块冰称好重量以后放在室外,因为天气很冷,冰不会被融化,到晚上我们把冰取回来再称一下重量,就会发现重量减轻了许多。重量的减轻说明有一部分冰失去了。但是,冰又没有被融化成水,那么这部分冰又是怎么失去的?原来这是因为冰表面不断地有水分子挣脱分子间的吸引力直接跑到大气中去(诚然这个过程不是大量地进行,但却是不断地进行),所以冰的重量就减少了。这种从固态的冰直接变化成气态的水汽这一物理过程,我们称之为升华。

在冬天,每当晴朗天空的夜晚,我们都可以发现在草地上、瓦片上或其他物体表面上经常有一层白色粉末状的东西覆盖在上面,也就是我们平常所说的霜。在形成霜之前我们并没有发现物体表面有水珠凝成(冻霜除外),而是直接凝成霜的。这种水汽直接凝结成固态的霜的物理过程我们称之为凝华(图 2-4)。

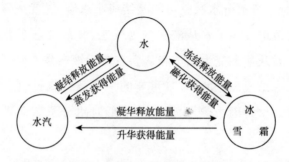

图 2-4　三态转化

雾

　　雾是近地层空气中水汽的凝结所产生的现象(图2-5)。由于空气中的水汽凝结成雾滴、冰晶,使能见度大大降低,我国气象学规定能见度小于1 000米时记为雾(指水汽凝结造成的,不是其他原因所造成的)。

图 2-5　罗托鲁阿桥雾

到底雾是如何产生的呢?

　　前面我们讲过,由于蒸发、升华作用空气中含有数量不等的水汽。水汽是无色、无味的气体分子,因此谁也看不见它。但是一旦具备凝结条件,它便转化为雾滴(云滴)。雾滴的半径只有0.001~0.05毫米,人们要想清楚地看到它是不容易的。但由于凝结作用,在空气中所生成的雾滴数目极大,这亿万颗雾滴悬浮于大气之中阻碍了人们的视线,也就形成了我们日常所说的雾。

　　雾是由空气中水汽凝结而形成的。这就说明了产生雾有两个条件;一个是空气中要有足够的水汽,另一个是要有使这些水汽能变成雾滴的凝结条件。这两个条件,对于雾的生成来说是必要条件,缺一不可。

　　当近地面空气中水汽达到饱和状态时,即空气相对湿度在100%时,水汽即可凝结成细小水滴(雾滴);当这些小水滴增大,数量增加时,逐渐就生成了雾。其实在有凝结核存在的大气中,相对湿度大于70%时,就可以使水汽凝结成水滴,随着相对湿度增加,水滴半径增加很快。相反,在没有凝结核存在的纯净空气中,有时相对湿度即使大于100%,也不会产生凝结现象,而只会产生过饱和状态。在实验中人们也曾经发现,在相对湿度大到300%以上,尚未出现凝结现象。所以,对于雾的产生来说,凝结核的存在也是一个重要条件。当然,在自然大气中浮尘、烟粒、盐粒等都可以充当凝结核,可见在大气中一般情况下凝结核是不乏其有的。

当近地层空气层是未饱和状态时,要想使其达到饱和,不外乎两种途径:一种就是增加水汽,这种过程主要是靠蒸发和水汽输送来实现,对于地面雾来说蒸发过程尤为重要;第二种是冷却过程,冷却过程形式很多,如辐射冷却、抬升冷却、平流冷却、混合冷却等。其实在生成雾的过程中,一般情况是两种过程同时进行的,一面增加水汽,一面冷却。另外还有种现象,即两种不同温度的未饱和气团通过混合达到饱和而凝结生成雾。

下面我们来分别讨论各种雾生成的原因及其过程。

一、锋面雾

锋面是两种性质不同的气团交界面。两种性质不同的气团一般是指暖湿气团和干冷气团。这两种气团交界面上具备了形成雾的两个必要条件,一个是暖湿气团中有大量水汽,湿度很大;另一个是干冷气团中温度很低。这样,充足的水汽和冷却条件都已具备,因此有可能生成雾。当然不是说所有的锋面都可以生成雾,还必须视情况具体分析。

(一)暖锋后雾

暖锋是暖空气推着冷空气前进的锋。它是暖空气前进、冷空气退却的一种锋。由于冷空气冷而重所以在下面,暖空气暖而轻就逐渐爬到冷空气上面,因此如图2-6所示,锋面是向冷空气一方倾斜的。

图 2-6　暖锋后雾的形成

当暖空气逼迫冷空气后退的时候,暖空气逐渐占领了原先冷空气占据的地盘,在锋后一长段地带内,由于原先是冷空气所占据,地面温度比较冷,这时暖空气占领了这些地盘,就产生了暖湿空气行经经的地表面,这样由于地面温度比较冷,当暖湿空气行经上面时,贴近地面的一层空气首先被冷却,使其温度被降低。而暖湿空气原先湿度比较大,一冷却就容易使空气达到饱和状态和过饱和状态。因此就有一部分水汽凝结成小水滴,这样就在近地层产生雾。应当注意,这时锋面移动速度不能太快,也不能太慢,太快固然有助于近地层空气冷却,但是由于这时风速较大,湍流产生容易使热量下传抵消地表冷却作用,就不容易产生雾。相反,太慢就不易使地表产生冷却作用,因为当暖锋移动很慢时,连地表气温也逐步变性,这样与暖空气温差就不会很大,也不容易生成雾。

(二)锋际雾

暖锋、冷锋①、锢囚锋②都可以有雾。其实这是一种很低以致贴近地面的云。这是当暖空气非常潮湿,湿度非常大的时候,当它一遇到冷空气,一方面受到冷空气影响,掺和冷却立即产生饱和或过饱和状态,另外由于湿度相当大,遇到冷空气后沿锋面略微抬升,立即达到饱和或过饱和状态。到达饱和和过饱和状态的湿空气立即也就有部分水汽凝结成水滴。因而就在锋面附近产生雾,称为锋际雾。对于锢囚锋来说,锋际雾只能暂时出现,因为锢囚锋运动本身很快,会使这层暖湿空气抬升变成云,如图2-7、图2-8所示。

①冷锋是指冷空气向暖空气方向移动的一种锋。

②锢囚锋是后面冷锋赶上前面暖锋,把暖空气抬离地面、近地面冷锋暖锋合并而形成的一种锋。

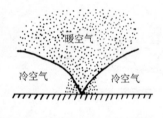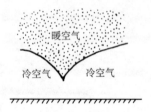

图 2-7　锢囚锋开始时锋际雾生成　　　图 2-8　锢囚锋后暖空气被抬升生成云

(三)锋前雾

我们先看暖锋后雾,如图 2-6 所示,在暖锋前部暖空气沿斜面(锋面)爬升,暖湿空气在爬升过程中不断冷却,因此不断有水汽被凝结成小水滴,形成云,也就产生了暖锋云系。随着暖空气的不断上升,凝结的小水滴也就不断地增多增大,生成雨滴产生降水。而这些小雨滴在下降过程中,如果雨滴温度远高于空气温度,那么雨滴就要不断蒸发,当雨滴降落在冷空气中时,由于较暖雨滴蒸发作用大大增加了冷空气中的水汽含量,使之很快达到饱和并有小水滴凝成,这样就产生了暖锋前雾或层云。是生成雾还是生成层云,这要看锋面结构,如图 2-9 所示。

图 2-9(a)锋区[①]内是等温情况,这时下降雨滴不会产生蒸发;因此不会生成雾。图 2-9(b)锋区内有逆温层存在,但此时锋区逆温层较高,当雨滴落在 LL_1-AA_1 气层时,因其温度高于四周空气温度,使产生蒸发形成水汽,当水汽增多到一定程度便产生凝结,但由于这时高度较高只能生成层云,而不能生成雾。图 2-9(c)锋区内有逆温情况存在,而且锋面很低,暖水滴蒸发直接使近地层空气达到饱和而后形成雾。

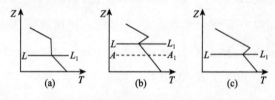

图 2-9　层结曲线对生成雾的影响

---

①锋区:锋面是三度空间现象,它与水平面相交构成锋,过渡区称为锋区。

我们刚才是用暖锋前雾作例子说明，其实冷锋前雾也有相同情况。冷锋前雾、锢囚锋前雾分别与暖锋后雾和暖锋前雾成因相似，这里不再赘述。

二、气团雾

气团雾是指单一气团内部，由于冷却作用而形成的雾。它与锋面雾根本区别在于锋面雾是生成于两种不同的气团交界面附近。

(一)冷却雾

1. 辐射雾

由于辐射冷却而形成的雾，称为辐射雾。它是由近地层空气因强烈辐射冷却，使原先比较潮湿的空气气温降低到露点温度[①]以下，使水汽凝结成小水滴而形成的。它多出现于晴朗、微风，近地层空气中又有比较充沛的水汽的夜晚或清晨(图 2-10)。

辐射雾生成的首要条件是要有一个能够使近地层空气充分辐射、散热迅速的环境，一般是晴朗无云的夜晚，由于天空没有云彩的阻挡，地面有效辐射可以

图 2-10　晨雾

---

①当空气中水汽含量不变，且气压一定的情况下，使空气中水汽达到饱和时的气温称为"露点温度"。可见在气压一定时露点温度与空气中水汽含量成正比，水汽越多，露点温度越高。

顺利进行,这样散热也就迅速,使地面层空气降温多,有利于水汽的凝结。同时,在晴朗无云的夜间,由于地面强烈辐射可以使低空形成一个逆温层,它有利于近地面形成的大量雾滴聚集起来,不易于向高空扩散而形成雾。第二个条件是要有适当的湍流存在。如果没有适当的湍流存在,地面辐射冷却作用所及的气层很薄,只有在紧贴地面一层相当薄的空气失热冷却,仅能形成露或霜,不可能生成雾。有了适当的湍流,就可以使冷却作用扩大到适当的空气层中。但是湍流不能太强,如果太强了,一则上层热量容易下传影响冷却作用,二则水汽也不易保持,所以辐射雾的形成一般要求有1～3级的微风存在。既然雾是水汽凝结而成的,因此辐射雾生成的第三个条件就要求近地层空气中要有充沛的水汽。没有充沛的水汽和相当厚的湿层,再好的外界条件也是无法形成雾的。

从辐射雾形成的条件可以知道,当早晨太阳出来后,它赖以存在的条件被破坏了,这种雾也就消散了。还可以知道,冷高压区或以海洋为源地的暖湿气团控制的大陆地区和雨后受弱高压控制天气突然放晴,均是辐射雾生成的良好环境。

2. 平流雾

暖湿空气流经冷的地表面(或海面),贴地空气受冷地表面(或海面)的影响产生冷却、凝结而形成的雾称为平流雾。前面所讲的暖锋后雾,其实就是一种较典型的平流雾。现就其他一些类型平流雾形成过程作一简介。

造成平流雾的主要条件有:第一,风速中等。风速大,平流大,空气与地表的温差大,容易冷却产生平流雾。但是风速太大,湍流强,上层的热量易于下传抵消地表冷却作用,所以要求风速只是中等,一般在2～7米/秒。第二,冷却条件。平流过来的暖湿空气与原地表(海表面)温差越大,低层冷却越厉害,平流逆温也越强,就越有利于平流雾形成。第三,要求平流过来的暖空气有相当充沛的水汽。

从平流雾形成条件来看,这种雾一旦形成,只要保持有适当的风向风速,也就是说暖湿气流源源不断地平流而来,此种雾就可以持续较长时间。

3. 季风雾

在我国春夏季节沿海常为一支冷海流所控制,这时只要有暖湿空气从南方吹来就易形成雾。在我国沿海地区经常发生此种雾。

4. 海雾

多发生于寒暖洋流交汇地方。这时,暖水面空气行经冷水面而形成雾(图 2-11),在我国东部和东南沿海的纬度差异很大,贴近海岸线有从北往南的冷流,而远离海岸线的是从南往北的台湾暖流。在春季由于暖空气势力加强向北挺进,暖水流也向北流去经冷水域形成沿海地区的春雾。

图 2-11　海岛雾

5. 海洋气团雾

由于海洋气团登陆,遇到冷地面,气团水汽变冷凝结成雾。

6. 上坡雾

它与锋际雾形成的原因有些相似,锋际雾是暖湿气流沿锋面爬升冷却而生成的雾,而上坡雾暖湿空气爬升的对象不但有锋面,而且可以有诸如山坡、山脉等有坡度的物体,都可以成为其前进障碍物与造成上坡运动的物体。它要求暖湿空气相当潮湿,气温将要接近露点,这样暖湿空气稍一上升就会达到饱和,凝结水珠而形成雾。否则只能产生云,而不能生成雾。

(二)蒸汽雾

当冷空气经暖水面,水温远高于空气温度时,容易出现蒸汽雾。在这种情况下,因为水面饱和水汽压远大于空气饱和水汽压,水面的水就不断地蒸发成水汽,当空气的水汽含量已达到饱和,而水面的饱和水汽压远大于空气时,二者不能达成平衡,于是水面不断蒸发,空气中水汽不断凝结而生成雾。

要生成这种雾,除了水温远高于气温这个条件外,还必须满足以下两个条件:①离地面不太高的空气层要很稳定,有逆温层。这是由于近水面空气由于从水面输送热量给其上空气,气层很不稳定,因而这个气层形成雾是不稳定型的。假如其上没有很稳定的逆温层,由于湍流或小规模对流的存在,容易将水汽向较高层次传送,不易达到饱和形成雾。另外,这个逆温层不宜过低,否则由于下部受热过分容易破坏逆温层,也不容易生成雾。②与其他类型雾的形成一样,风要弱。风强时会把水汽带到它方或因湍流加强把水汽传到较高层次,这样都不易生成雾。

我们经常看到的蒸汽雾有两种情况:一种是暖洋流通过较冷地区。例如,北大西洋上有一支强大的墨西哥暖流,经常突入北极的海洋面上,造成北极海洋面上大规模的蒸汽雾。还有一种是在北极地区,当冰裂开时,由于冰下水温较高,而其上又是极冷的空气团,也容易产生蒸汽雾。这两种情况在我国都比较难看到,后一种现象被人们称为北极海烟。

在我国,经常看到的只是局部现象。在内陆地区,白天河谷里,水面温度由于得到太阳辐射,上升很快,到傍晚,山风夹带冷空气沿着山坡滑到暖的河谷水面,也会产生蒸汽雾。这种现象,在湖滨地区会经常出现。

雾谚语精解

十雾九晴

我们一般所看到的雾大都是晴朗无云的天空的夜晚,地面强烈冷却而使近地层空气中水汽凝结成小水滴悬浮于空气之中而生成雾,即辐射雾。"十雾九晴"指的也就是这种雾。而生成此种雾所需的条件是低层空气中有充分水汽,强烈的辐射作用,以及微风。符合这三个条件的地区一般是在冷高压控制下或是雨后受弱高压控制天气突然转晴,而这两种天气系统控制下天气大都是晴好天气。此种雾也大都是在夜间或早晨出现,在太阳升起后由于地面强烈增温,近地面逆温层破坏,雾也就消散了,天空依然晴好。"十雾九晴"也就是这个意思。但当平流雾、蒸汽雾等出现时,就不一定都是晴好天气了。

雾罩地，尽管晒衣裤

早上雾罩地，尽管晒衣裤

迷雾毒日头

这些谚语所指的雾，也都是辐射雾。生成辐射雾夜晚的天空一定是晴朗无云，因为天上如果有了云，这些云像棉被一样盖在地上，它会妨碍地面辐射散热作用，也就生不成雾。而辐射雾又大多生成于后半夜到凌晨这段时间，因此，虽然我们清晨起来看到弥天大雾，伸手不见五指，但是，可以断定空中是没有什么云的，当太阳一出来，雾滴重新被蒸发成水汽，天气又归于好。"尽管晒衣裤"，是用来说明天气晴好的象征。

昼雾阴，晚雾晴

早雾晴，晚雾雨

晚雾不收，晴天可求；雾收不起，细雨不止

这些谚语看起来是有矛盾的，其实这里只不过早晚所指的含意不同，道理是相同的。"昼雾阴，晚雾晴"，是指雾生成的时间而言，晚上或者凌晨生成的雾预示着晴天，而白天生雾肯定会是阴雨天气。而"早雾晴，晚雾雨"指的是清晨我们看到雾可能预示着一个晴天，但是如果此雾不收（晚雾是指此雾一直延迟到晚上还不收，说明雾维持时间之长），可能就会转成阴雨天气。

前面已经讲过，晚上或凌晨所生成的雾大部分都是辐射雾。它形成于晴朗无云的夜晚，大多处于冷高压控制之下，多预示晴天。但是，白天生成雾可不是这种情况，白天地表面受太阳光照射是增热的，根本没有辐射散热的可能（指整个热量收支而言），另外在白天也不可能在近地层形成一个稳定的逆温层（锋面过境除外）。同时，白天乱流比较强烈，在这些条件共同作用下，互相影响，在白天根本不可能形成辐射雾。因此，白天所以能生成雾大部分都是平流引起的平流雾。最典型的要算是锋面雾。前面在讲雾的形成过程时已经说过，锋面雾包括锋际雾、锋前雾、锋后雾三种。锋际雾本身就是贴近地面的低云，它只有在暖湿空气异常潮湿情况下形成，在它的上面是一个又厚又广的云层（锋前雾本身就是阴雨天气中降水的产物，只是此种降水在未到达地面时被蒸发后又凝结而成的),锋后雾是暖锋行经冷地表时凝结而成的雾。所有这些雾都与锋面活动紧紧地联系在一起,所以说这些雾的生成,不但不是好天气的象征,反而是坏天气的征兆。从这方面看,"昼雾阴,晚雾晴"是很有道理的(锋后雾天气可能易于转好)。

清晨当我们看到弥天大雾时,如果太阳出来不久这雾便消散,是辐射雾的一个特点,当然是一个晴好天气。但是也有例外的情况,比如,晴朗无云的夜晚,微风徐徐,它是生成辐射雾的良好环境,地面迅速辐射冷却,在微风、乱流作用下,近地层空气在地表作用下也相应冷却,多余的水汽被迅速凝结成小雾滴,于是弥天大雾迅速形成。之后,如果有新的天气系统移来,在天空中铺盖上一层厚厚的云层,这样就形成了下面是弥天大雾,上面是厚厚云层的局面。早晨太阳出来后,由于上面有一层厚厚的云层阻挡住阳光,地面就不能迅速增热,雾滴也不可能迅速蒸发或抬升,因此就造成大雾不收的情景。如果云层很厚,这种情景可能会维持相当长久的时间,以至一直到晚上不收都有可能,"晚雾阴"指的也就是这种情况,所以说早上看到雾,如果太阳出来后,雾还一直不收,可以预见天空中已经存在一层厚厚的云层,未来天气转阴雨可能性很大。"早雾晴,晚雾阴"也是很有科学道理的。

黄梅里迷雾,雨在半路

"黄梅天气"是指长江中下游流域在春夏交替之间,黄梅成熟季节里,此地域经常出现连阴雨天气,俗称"黄梅雨"。产生这种雨是因为在春夏交替之间(4—5月),北方冷空气势力虽然开始撤退,势力减弱,但是在当时它还有相当一部分势力可以伸入到长江中下游流域。而南方暖空气势力开始增强,但也还不很强,暖空气势力也只能到达长江中下游流域。这样,冷暖空气势力在长江中下游流域交汇,形成了江南静止锋①天气。这个静止锋可以维持相当长一段时间,也就是它造成了长江中下游地区的黄梅雨天气。

在黄梅雨天气里,有时由于冷空气势力稍强一些,将暖空气向南推动一些,这样一些地区可能暂时受锋后弱的冷高压控制天气转好。由于前些时候是静

---

①静止锋是移动缓慢或呈准静止状况的一种锋。

止锋天气降水使地面潮湿,温度也相对高些,现在突然转受弱冷高压控制,而冷空气温度是比较低的,天气又是比较晴朗的,这时在辐射冷却的作用下容易产生辐射雾(也有一部分是蒸汽雾),这样形成的雾并不能说明天气系统是比较稳定的,天气会晴好,它是在不稳定的天气系统里形成的一种雾。只要静止锋再度北抬又可能造成降水。另一种情况是暖空气势力有时稍强,将冷空气往北顶一些,这样就形成暖空气行经冷地表情况,容易产生暖锋后雾,当然一旦冷空气势力恢复,静止锋也将再度南压,天气又可转坏。

所以说"黄梅里迷雾,雨在半路",是有一定的道理的。

春雾日头,夏雾雨

如前所述,"十雾九晴"深刻地说明了我们平常所见到的雾大多是辐射雾,预示未来天气晴好。但是,在不同的季节里,形成雾的原因也各不相同,而产生辐射雾又有它的条件限制。为此,雾也应根据其季节不同,形成原因不同,而区分其预兆的未来天气。"春雾日头,夏雾雨"也正是这个意思。春天,白天气温也并不是很高,而夜间又比较长,这样到晚上如果天上无云,地面本来就不多的热量能很快地通过辐射散热,使地温急剧下降,这时近地层空气只要比较潮湿,在地面冷却作用下很快达到饱和,凝结出水珠形成辐射雾。白天太阳出来,地面温度急剧上升,雾也跟着消散,这就是所谓"春雾日头"。我们知道,辐射雾最容易在春秋季节生成,因为春秋季节最容易具备生成辐射雾的三个基本条件。

夏季情况就不一样。夏天对于我国来说昼长夜短,白天太阳对地面强烈照射,使地表温度急剧上升,加上白天又长,地面接受了很多热量,到了晚上即使是晴朗无云的夜晚,地表面以长波形式向空中辐射热量,使自己冷却,但是一则白天长,接受热量多,不容易一下子散光,二则因为夜短,散失热量因时间所限不会太多,往往在尚未冷却到露点时,第二天的白天又开始了,太阳又重新照射,温度又开始上升。因此夏季一般不会产生辐射雾(但有时也会产生辐射雾,特别是山区),这样夏天如果产生雾多属其他类型,所以天气也就不见得晴好。一种情况,夏天产生雾只有在空气非常潮湿的情况下,而上面空中又被一层厚厚云层所盖,这样太阳光照射不到地表面,空气就得不到热量而慢慢地冷却最后生成雾,而这种雾多预兆天气将转坏。另一种情况就是前面所讲的锋面雾,它更不是好天气的象征。所以才有"夏雾雨"的气象谚语。

"春雾日头,夏雾雨"充分表明对一切问题都要辩证地对待它。肯定一切或否定一切,都是错误的。对于雾也是这样,也应该辩证地对待,不能一看到雾,不管其生成原因如何,均作为好天气征兆,如果那样,在预报工作上肯定会摔跤的。

久晴大雾阴,久雨大雾晴

这句谚语看起来似乎很矛盾,雾本来一般预兆晴天,为什么晴天久了生成雾反而会转阴下雨?下雨久了,空气本来很潮湿,按理说出现雾也很平常,为什么久雨出现大雾又会晴天呢?仔细想一想,其实这并不矛盾,而且很有道理。

我们知道生成雾首要的一个条件就是低层空气中要有相当充沛的水汽,没有充沛的水汽,雾当然是形不成的。在一个地方持久的晴天,大气一般都因白天蒸发,水汽不断散失(天气晴好的地方大多是处于高压区,下沉气流呈辐散型),水汽不断减少,所以空气一般都比较干燥。由于空气干燥虽然昼夜温差很大,有了良好的冷却条件,还是不能有水汽凝结成小水滴形成雾。所以久晴的地方本不容易生成雾。当久晴的地方出现大雾时,一般是有新的天气系统移来,带来充沛水汽的空气,才能形成雾。而一般新的天气系统移来时,都会有一个转阴或配有降水的过程,"久晴大雾阴"就是这个道理。

在持续久雨的地方,虽然此时空气中水汽相当充沛,但是一则由于上空有一层厚厚的云层像被子一样覆盖在大地上面,它阻碍了地面的散热作用,二则由于降水过程是水汽凝结成水珠而后合并成雨滴才降落到地面。这个过程水汽是释放热量过程,它使气温相对地增高了一些或抵消了一部分冷却作用。这样,在久雨地区,只有充沛的水汽,没有充分的冷却作用,雾也是很难生成的。而当久雨的地方突然生成大雾,它说明上层厚厚的云层已经打开消散,地面本来就不很高的地温强烈辐射冷却,这种冷却又反过来影响近地层空气使之也很快地冷却,由于空气中水汽本来就相当充沛,稍一冷却就有水汽凝结成雾。因此说它是好天气的预兆。

所以,我们说"久晴大雾阴,久雨大雾晴"是并不矛盾的。

雾下山，地不干

雾与云并没有本质上的区别，雾是地上的云，云是空中的雾。半山腰的云层，从地上看来是层云，但在半山腰的人却认为它是雾（图 2-12）。雾下山，其实就是云逐渐降低高度的一种现象。当云底高度降低到贴近地面的高度也就成了雾，这种现象在暖湿气流湿度达非常高时才可能出现。对于暖锋云系来讲，我们起先看到的是高云，后面是中云，再是低云。

图 2-12　山腰云雾

云层高度的逐渐降低说明所处的地方愈来愈接近锋面，因此天气即将转坏。地不干，说明有降水发生。

雾谚语集锦

春雾三天雨，夏雾三天晴

干雾露阴，湿雾露晴

散片雾晴，一片雾雨

白雾天气好，灰雾要转阴

白雾晴，黑雾雨白雾贴地起，望雨是空想

雾露在山腰，有雨就在今明朝

大雾不开雨就来

大雾不散，下午雨来到

大雾不过晌，过晌听雨响

雾里日头，晒破石头

日出雾散是天晴，日出雾增雨淋头

雾时长，出太阳；短时雾，雨不住

雾罩散得快，预备把麦晒；雾罩散得慢，阴雨很快见

雾吹南风连夜雨

雾走北，还有雨；雾走南，雨下完

一日浓雾三日晴，三日浓雾别盼晴

露

初秋的清晨，蓝天如洗，微风徐徐。当你漫步野外，就会发现在野草和叶片上挂满晶莹的水珠，地上也是湿漉漉的。这就是我们平常所说的露珠，也称露水（图 2-13）。

图 2-13 常青藤露水

露到底是怎么形成的?

冬天我们往玻璃窗上呵一口气,就会发现玻璃窗上布满水珠。当我们打开滚开了的水的锅盖,也会发现锅盖里边布满水珠。这些水珠是怎么来的呢?呵气是我们从嘴里喷出含有大量水汽的气体,当它碰到冷玻璃时,水汽立即凝成水珠。同样道理,滚开了水的锅盖里边本来含有大量水汽,当锅盖一打开,水汽遇到外面冷空气作用迅速冷却,水珠也就凝结在锅盖里边。这两个例子都说明水珠是由于水汽冷却后凝结而成的。

露水的形成原理也与这两个例子相同。

晴朗的夜晚,碧空万里,地面就把白天通过阳光照射所得到的能量,通过辐射大量散失,地面温度迅速降低,而近地层空气在冷地表的作用下也迅速降低温度,如果这时近地层空气中水汽相当充沛,一经冷却使原来未饱和的空气达到饱和,随着温度继续降低,空气便呈过饱和状态,过饱和空气是不稳定的。当它碰到物体表面或地表面就立即凝结成水珠,也就生成露。

生成露与生成雾看起来生成的基本原因是相同的,一个是充沛的水汽,另一个是冷却作用。但是也有不同的地方,生成雾一般要求风稍大些,露在无风的夜晚极易形成,但是这时只是贴地层空气中多余水汽凝结出来。因此水汽不会太多,露也不会很大。要生成大露水,要求有些微风,通过这些风力作用,把凝结出来水珠的空气带走,换来新鲜空气继续冷却凝结,这样反复进行才会形成很大的露水。但是风力不能过大,过大了就不会仅是贴地薄薄一层空气冷却,而会由于乱流作用,使一层比较厚的空气层受冷却,那样就会生成雾而不会生成露。风力再加大连雾也不会生成。

我们如果夜间注意观察就会发现经常发生这样的现象,在晴朗无云的夜晚,先有露水形成而后于后半夜或者凌晨再生成雾,生成雾以后露有时候会消失。这就是气象谚语所说的"雾吃露"的现象。这种现象究竟又是怎样引起的呢?原因是晴朗无云的夜间地表散热冷却后,冷地表首先使紧贴近地面的那一层空气冷却,水珠凝出生成露。后来由于地表继续散热,地温继续下降,冷却作用加强。如果此时有微弱乱流作用,冷却作用会波及到近地面一层比较厚的空气层,在这一层空气里由于受到冷却降温作用,也有水汽凝结成小水滴这就生成雾。生成雾的过程是水汽凝结释放热量过程,由于释放热量相应地提高了一些空气的温度(生成雾后我们会发现气温有所回升就是这个原因),这样又反作用于露水,使其蒸发成水汽,再在地表冷却作用下又被凝结成小水滴,这样也就产生了"先露后雾"和"雾吃露"的现象。

露谚语精解

露水见晴天

冬寒有雾露,无水做酒醋

这两条谚语都是指晚上或早晨出现雾露时,第二天一般都是晴好天气。

我们前面已经讲了出现露水的天气形势,一般要求在晴朗无云的夜晚,大气层结稳定,无风或微风的情况下,夜间地表才能产生强烈的辐射散热成为冷源进而影响低层空气,使之水汽冷却凝结成水珠,这样才能产生露水。而产生这样的天气一般是本地要处在高压控制之下,在高压区内盛行下沉气流,不利于云的生成。这样才易于产生晴朗无云的天气。所以说早晨或夜间有露水的情况,它一般说明本地处于高压区,高压区天气一般都是晴好天气。因此,"露水见晴天"是有一定科学道理的,也是可信赖的。

旱天无露水

露水的形成不但需要一个晴朗无云的夜晚,能产生强烈辐射散热和无风或微风这两个条件。上述两个条件只是产生露水的外因。而充足的水汽却是产生露水的内部条件,没有这个决定性的条件,再好的外界条件也是无用的。因为尽管你晚上辐射散热条件再好,温度降得很低,而空气中本来只有很少的水汽,怎么也达不到饱和或过饱和状态,就不可能有水珠凝结出来。旱天由于地表水分在白天不断蒸发散失,又得不到雨水的补偿,因此空气中水汽也只能是越来越少,空气中水汽少当然是不能够形成露水的。

风大夜无露，阴天不见雾

　　夜晚如果风大，空气间湍流也就相应增强，由于湍流作用，它加强了上下层空气的交流，即使夜晚碧空无云，地表通过辐射散热变冷，而这个冷地表又对近地层空气产生冷却作用。由于湍流的作用，近地层被冷却的空气带到上层，而上层的热量也通过它下传，以此来抵消地表的冷却作用。另一方面，地表的冷却作用也是有限的，如果说它只冷却贴近地面那层薄薄的空气是有足够能力的话，但要它冷却范围很厚的一层空气却又显得心有余而力不足了。同时，在有风的夜晚，风可以把刚被冷却而未有水汽凝结的空气立即送到别的地方，当然由于风的作用也会阻碍水汽的集中。所以说有风的夜晚，空气不容易被冷却而产生露水。

　　阴天，空中铺盖一层厚厚的云层，像在地表面盖上一层厚厚的被子。夜晚，地面开始辐射散热，由于云层存在，辐射热量被云层挡住，不易散失。同时云层把地面辐射热量又反射回地面，从而增加了地表温度，这样地表就不能使自己很快降温成为冷源，而空气也不能达到有效冷却，既然空气不会迅速冷却，水汽也就不可能被凝结成小水滴而生成雾。所以我们平常在阴天时看不到雾，也就是这个原因。

露谚语集锦

　　一露三日晴

　　露水升起必晴天

　　露水闪，是好天

　　露水浓，洗衣裳；露水少，滑跌跤

　　露珠圆而大，能晴好几天

　　大露即收，天晴不久

　　有露起云，雨天将临

　　露霜忽不见，就要闹天气

露吃霜，不雨也风狂

久无露，突然有露，切莫洗衣服

久晴之夜露水多，一日无露雨水起

露水直到中午干，当天有雨要提防

先露后雾晴得久，先雾后露晴不久

春露十日寒

夏晚有露，天有水注

四季有露四季晴，唯独夏露有雨落

春露晴，夏露雨，秋露风，冬露雪

霜

　　霜和露一样，都是近地层空气中水汽受冷却后凝结(华)而成的。这种凝结(华)现象出现在空气物体温度都在摄氏零度以上时，凝结物便是露水；而如果当时空气和物体的温度都在摄氏零度以下时，生成的凝华物就是霜(图 2-14)。

图 2-14　霜

　　霜是近地层空气中水汽凝华的产物，因此，同露一样，它一般也要在晴朗少云或无云的夜间，再加上无风或微风这一条件下形成的。当然要凝成霜，水汽这一条件是不能缺少的。然而形成霜的温度远比露形成时所需要的温度来得低。霜一般要求气温和地表温度接近摄氏零度时才会凝华而成。温度高了,只会形成露不会形成霜。

我们平常所看到的霜,根据其形成条件一般可分为三种类型:平流霜、辐射霜、平流辐射霜。

平流霜是指冷空气大举侵入,占领起先为暖湿空气所占领的地盘,由于冷空气本身温度很低,在它的影响和作用下,起先温度较高的地面和贴近地面的一层薄薄的空气层也就迅速冷却。空气中水汽很快达到饱和后凝结成霜。由于产生这种霜的过程降温作用主要是靠北方较强冷空气的大举入侵,因此形成这种霜不但范围广,强度大,且持续时间也长。一般能维持好几天,对农作物所造成的危害比较大。秋末、初春经常生成此种霜。

辐射霜一般产生于冷高压控制下的天气。在高压区,一般天气是晴好的,夜晚由于局部对流减弱,经常是碧空无云的天气。这就给晚上地面辐射散热创造了良好条件。在碧空无云的夜晚,地面热量是纯支出的(有云的天气就不是纯支出的),由于辐射散热没有受到任何阻挡,地面散热比较迅速,而秋末、初春地面与空气层温度本来就不是很高,因此散失热量后地表温度就很快降低,当它降低到摄氏零度以下时,这时如果空气中的水汽已达饱和状态,水汽遇到冷地表或物体表面就凝华成霜。这种霜由于仅是辐射冷却这一降温条件,而辐射冷却总是有限的,而又带有局部性,所以这种情况形成的霜远比平流霜来得既弱又小,对农作物危害当然也就小得多。

平流辐射霜,顾名思义是由平流降温与辐射降温共同作用而形成的,它一般是在强冷空气暴发南下一扫而过之后,强冷空气迅速控制该地区,天气立即由阴雨转晴,夜间天空晴朗少云,地表辐射冷却强烈发生,而强冷空气本身气温又很低也作用于地表,使之温度下降并形成霜。这种霜由于有双重原因造成,近地层空气与地表温度都剧烈下降,形成的霜是很厉害的,而且范围比较广,对农作物造成危害极大。

霜是一种灾害性天气,这是因为霜往往是由于北方强冷空气暴发南下过程中产生的,也就是我们平常所说的寒潮过程。

受这个冷空气影响的地方,温度都急剧下降,有时夜间最低气温与白天最高气温差值可达20℃以上,由于天气骤然变冷,农作物往往会发生冻害现象,也就是霜冻。它往往可以造成农作物大批死亡,对于气象工作者作霜的预报工作是很重要的。

如果预报得及时准确,就可以采取有效措施避免或减少农作物受害。

霜与霜冻有本质的区别,不能混为一谈。霜是空气中水汽碰到0℃左右物体表面或地表凝华而成的白色冰晶。在春秋季节的早晨,我们经常会发现地面和物体表面蒙上一层白色粉末状的物质,这就是霜。而对霜冻的理解重点应在"冻",而不在"霜"。它是指温度低于作物所能忍受的最低温度时,对作物所造成的冻害,对于不同的作物有不同的霜冻指标,有的作物比较耐寒,它可以忍受较低温度,而有些喜温作物则温度稍有降低就会受到冻害(表2-1)。

表2-1 几种农作物霜冻低温指标

指标　　项目　作物	发育期	最低温度(℃)	受灾情况
早稻	秧苗期	6～8℃　6℃以下	死亡　死亡严重
晚稻	乳熟期	4℃　以下	受冻害
谷子	苗期	0～2℃	部分死亡
白菜	收获前	－3～－2℃	受冻部分死亡

作物所能忍受的最低温度是有一定限度的,如果低于这个限度,作物就会被冻死或冻伤。农业气象学上把这个限度范围内的温度叫做霜冻指标。

霜冻和霜既然不是一回事,为什么作物受冻害会称为霜冻呢?这是因为作物受冻害时经常发生在早春晚秋的时候。这时作物尚未受到低温锻炼或者是在抗寒能力特别弱的发育期内,因此最容易受冻害,而这时也恰好是我国大部分地区地面和空气尚且比较潮湿,水汽比较充沛,而北方冷空气势力还比较强或正在增强时期,如果有冷空气大举入侵的话,温度就会引起强烈下降,当气温降到摄氏零度以下时,就会有水汽凝华成霜,因此产生霜冻时一般也有霜出现(也可能没有霜),因此人们也自然而然地把霜和霜冻联系在一起。

霜冻为什么会对作物产生危害呢？

我们知道作物是由无数细胞组成，而构成作物的基本元素是碳水化合物和水分子。当作物四周环境温度降低到 0℃ 以下的时候，作物体内细胞的水分子就逐渐凝结成冰，而同重量的水结成冰时体积要增大，这样细胞之间水分子结成冰后，对细胞产生了一个膨胀压力，使细胞内水分渗透出来，而使细胞受到破坏。这个过程也是脱水过程，最终使作物受到破坏。当然，也有不少时候，作物受冻害时地表温度是在 0℃ 以上。另外，作物细胞内碳水化合物当温度急剧下降时，细胞内蛋白质也会发生沉淀现象而使作物受到破坏。

当作物受到冻害时，我们可以发现在作物叶片上有许多黑色斑点，人们称之为黑霜，使它区别于真正的霜——白霜。从以上我们知道，黑霜仅是植物受冻害而产生的一种现象，并不是真正的霜，因此可以说"黑霜不是霜"。

霜谚语精解

霜重见晴天

严霜毒日头

霜露多，则天晴

霜打红日晒

这些谚语说明有霜的天气一般都是晴好天气，实际情况也确实如此。

辐射霜说明本地一般处于高压区，夜间天清月朗，碧空无云，由于强烈辐射冷却形成霜，当然第二天天气仍然晴好。即使是平流霜、平流辐射霜也都说明本地将要受到或已经受到北方来的强冷高压控制，只要锋面一过，本地立即受高压控制，天气也可望晴好。而且霜越重，说明有效辐射越强，天气情况越好，或者说明冷空气很强，当然天气也越好。

雪下高山，霜打洼地

雪落高山，霜砸平地

这两条谚语告诉我们，高山容易下雪，洼地容易结霜，这又是为什么呢？

空气温度的垂直分布情况一般是高度越高，气温越低，相反高度越低，气温越高。由于这个原因，当地面气温还在0℃以上时，高山上温度已经在0℃或0℃以下了。云底离地面高度从几百米到几千米不等，云底的温度也比地面低了许多。在冬天云内温度更低，云内水汽凝华成雪花开始降低，如果此时近地面空气温度在零度以上，那么雪花在降落过程中会逐渐融化，到地面时早已成为雨点而不是雪，但是此时虽然地面温度在零度以上而高山上的气温却早已在零度以下，雪降落在高山上之前尚未能融化，因此高山上仍然下雪。也就是说，在冬天如果地面上下雪高山上肯定下雪，而地面上不下雪，高山上也有可能会下雪。在夏天，如果山很高也可能下雪。这就是雪下高山。

而霜不是从天上降下来的，而是近地层空气中水汽直接凝华而成的。因此它与空气温度垂直分布关系不大。我们知道空气越冷，密度越大，比重越重。而空气是一个流体，冷空气往低处流，这样最冷、最重的空气就会往最低处流动，一旦到达最低处，它就赖在那里

图2-15　冷空气积聚

不动了，也就在洼地停留积聚，而且越冷的空气，越是在底层（图2-15）。我们清楚，空气越冷就越容易形成霜。因此洼地也就较一般的地方容易形成霜，"霜打洼地"就是这个意思。

霜加南风要下雨

霜下东风一日晴

霜一般是寒潮冷锋南下扫过本地以后产生的现象（辐射霜例外，但也是在冷高压控制下）。所以它一般吹西北风，而且当冷锋移过后，在高压区内风速也见减小，因此一般不会吹南风或东风。如果在霜后出现南风或东风，说明暖空气势力加强向北顶进，就会造成暖锋前部吹东南风的形势，而后随着暖锋移来，高压也就将逐渐移出本地，低压逐渐移来。锋区内和低压控制下的天气多为阴雨天气。因此霜加南风要下雨。"霜下东风一日晴"是说霜后吹东风只晴一天，以后就要转阴雨。

一夜春霜三日雨，三夜春霜几日晴

春霜三夜白，晴到割大麦

一朝有霜晴不久，三朝有霜天晴久

霜是冷高压控制下春秋季常见的天气现象，前面已经说过形成霜的过程，不论那一种霜都是空气被冷却后多余水汽碰到冷的物体表面凝华而成的。因此，冷空气势力越强也就是说冷高压势力越强，温度越低形成的霜越厉害，持续时间越长。相反，冷空气势力比较弱，那么形成的霜也不会很大，持续时间也不会很长。一夜春霜三日雨，一朝有霜晴不久，都说明冷空气势力不是很强，温度不是很低，因此只能形成一日的霜，由于冷空气势力不大，容易移走。冷空气（弱高压）移走之后，本地转受低压控制，天气就会转坏。相反，如果连续几个晚上都有霜出现，说明冷高压势力较强，较强的冷空气比较稳定，不易变性，一般能维持一段较长的时间，"三夜春霜九日晴"就是这个意思。

霜过暖，雪后寒

有霜以后的天气与有雪以后的天气一般都处于冷高压系统内，天气一般都很晴好，那么为什么会产生霜过暖与雪后寒的现象呢？

既然霜后天气多为晴好天气，因而虽然在冷高压控制下，由于白天天上无云，太阳光照射强烈，温度相对提高也比较快，而冷高压如果比较稳定也会逐步变性。另外，我们所看到的霜都是很薄的一层蒙在物体表面，融化这些霜不需要多少热量（霜融化过程也要吸收热量），所以说霜后天气一般较暖和，当然这个暖也是相对而言，并不是说温度会升得很高。而雪后虽然天气形势与霜相同，也有一个晴好天气和强烈的太阳辐射。但是，雪量远比霜量大，融化霜用不了多少热量，再大的霜，当太阳出来不久后也会消失，而融化大量积雪所要的热量非常大，雪几天都融化不完。另一方面，雪可以把大量阳光返射回大气，地表、雪面所能吸收的热量很少。这样，雪在融化过程中就大量地吸收空气中的热量使气温降低，天气变冷。所以俗语说"下雪不冷化雪冷"，正是这个意思。由此可见，霜后的天气远比雪后天气来得暖。

霜谚语集锦

霜前天寒霜后晴

草霜早现，必有久晴

浓霜猛太阳，暗霜天难晴

霜重兆晴天，雪重兆丰年

霜大是晴天，霜多是旱年

春霜多主旱

秋霜三日晴

冬霜猛日头

霜后南风连夜雨，霜后东风一夜晴

霜后南风雨，霜后北风寒

今年霜雪早见，明年冰雹提前

早霜出现早，春天雨水少

九月初下霜，明春雨水多

十月无霜，无水插秧

十月多霜，粮食满仓

腊月一场霜，四月一场雨

霜降刮南风，有水霜，无白霜

霜降无风，暖到立冬

霜降阴雨，今冬雨大霜也大

霜降多雨头伏旱

房上有霜白茫茫，太阳出来闪金光

霜后东风一日晴，一日春霜十日晴

终霜早，梅雨迟；终霜迟，梅雨早

第三章

云

我们知道，云是飘浮在空中水汽的凝结物，它是由水汽凝结成小水滴或水汽凝华成小冰晶，或二者混合而组成的。

云的生成过程非常复杂，可以通过许多渠道、不同方式形成。它的形成又同时与当时天气系统紧密相联，形成的云状也就各自不同，千差万别。但是每种云的形成过程中又都有它的特定环境和天气形势。例如，卷云形成于高空；层云形成于近地层空气中；积云要求有对流存在；积云性层积云又要求有稳定层的存在；等等。因此，通过对某种云的观测，不但使我们认清它是什么云，反过来也对天空状况有所了解，比如天气特点、大气稳定程度、高层气流风向风速等。另外，还可以通过云的系统演变了解锋面活动情况，如气旋、反气旋移动情况和发展程度。所以说，云不单是当时的天气指标，也是未来的天气预兆。

云的生成

云是大气中水汽凝结成水滴或凝华成冰晶悬浮于空气中的现象(图 3-1)。

图 3-1　云

那么大气是如何完成从水汽凝结成水滴或凝华成冰晶这一过程而生成云的呢？

大气是运动的大气。"运动是永恒的",大气也正和其他一切物体一样处于不停的运动之中。大气的运动,总的来说可以分为两种形式——水平运动和垂直运动。

大气为什么会产生运动呢？大气的运动又是如何形成的呢？

原来,地球上大气的分布不论在水平方向上还是在垂直方向上都是很不均匀的。我们知道空气的密度与温度有很大的关系,温度高的密度小,温度低的密度大;在低层空气中赤道地区受热多温度高,密度就小,气压就低;在两极地区,由于终年高寒,气温很低,空气密度就显得特别大,气压也就显得特别高。像水从高处往低处流一样,大气中的空气也会从气压高的地方向气压低的地方流动,这样就造成了空气的水平运动。在垂直方向上,由于地心引力的作用,离地面越近,受地心引力越大,空气密度也越大。离地面越远,受地心引力越小,空气密度也越小,空气越稀薄。空气在垂直方向上的运动主要是靠浮力完成的。

就是由于空气在地球上因种种原因而引起的分布极不均匀状况,引起了空气昼夜不停地运动,也正是由于空气的不停运动而产生千变万化的天气和天气现象以及表征这些变化的云。

一、大气的垂直运动——对流

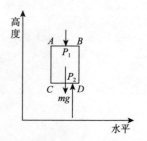

图 3-2　空气块受力示意图

如图 3-2 所示,大气中任意一块空气 $ABCD$ 它主要受三种力作用(水平方向不计)。首先空气块受到地心引力作用,也就是 mg,如果此时没有其他力的作用,那么空气块应在重力作用下做匀加速运动——自由落体运动。但是实际情况并非如此,由于大气垂直分布与高度成反相关关系,也就是说:高度越高,密度越小,气压越低,空气越稀薄;高度越低,密度越大,气压越高,空气越浓厚。正是由于这个原因,气块 $ABCD$ 上下两面所受气压不一样,AB 面所受的向下气压 P_1 比 CD 面所受的向上气压 P_2 要来得小,于是上下面之间就产生了气压差 P_2-P_1。如果此时空气块没有受到地心引力作用,气块必然在气压差的作用下(即气压梯度力)向上移动。实际大气中气块是不可能只受到地心引力作用,也不可能只受到气压梯度力作用的,而是受到它们互相作用的结果。

如图 3-3 所示,当气块所受的重力大于气压梯度力时,根据牛顿第二定律气块将在向下合力的作用下做向下匀加速运动,气块下沉(图 3-3(a))。当气块受到的重力小于气压梯度力时,气块就将在向上合力的作用下,向上做匀加速运动,气块上升(图 3-3(b))。只有在气块所受的重力与气压梯度力相同时,气块才处于静止不动的状态(图 3-3(c))。当大气处于稳定情况下重力与气压梯度力总是处于平衡状态,也就是说空气在垂直方向上处于静止状态。如果稳定状态破坏的话,空气就开始做上升或下降运动。

图 3-3(c)中大气本来处于静止状态,重力与气压梯度力平衡。但是此时如果气块 $A''B''C''D''$ 受热增温,可知这个气块就要膨胀,而使体积增大,密度变小。这样空气块 $A''B''C''D''$ 的密度就比周围空气的密度来得小。因此就有一个浮力

作用于气块上使之上升。根据阿基米德定律可以知道浮力的大小相当于气块增大的体积与周围空气密度相乘的积。气块 $A''B''C''D''$ 就是在这个浮力的作用下开始上升的。

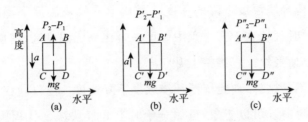

图 3-3　空气块受力与运动情况

上面是从浮力观点来说明气块 $A''B''C''D''$ 增大体积后做上升运动,现在我们再从增大体积后 mg 与 $P_2''-P_1''$ 如何失去平衡的方面来看气块是如何运动的。

在图 3-4 中,当气块体积为 $A''B''C''D''$ 时 $mg=P_2''-P_1''$,空气块处于静止状态。当气块 $A''B''C''D''$ 受热膨胀而变成气块 $EFGH$ 时,对于气块 $EFGH$ 来说 mg 是不变的,但是此时 GH 面所受气压 P_3 显然比 $C''D''$ 面所受气压 P_2'' 大(因为气压垂直分布随高度递减),即 $P_3>P_2''$,同理 EF 面所受气压 P_4 小于 $A''B''$ 面所受气压 P_1'' 即 $P_4<P_1''$,很容易看出 $P_3-P_4>P_2''-$

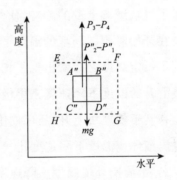

图 3-4　膨胀体积后气块受力情况

P_1'',因此 $P_3-P_4>mg$,可见膨胀体积后的空气块是应当做上升运动的。

我们知道,绝对干净的空气是没有的,空气中总是含有或多或少的水汽和杂质的。因此空气块在上升过程中随着高度的上升,温度降低,空气中的水汽总是逐步趋于饱和,甚至有水汽凝出,这样气块在上升过程中就有绝热过程和非绝热过程之别。现在我们先来看看绝热上升情况:气块 $EFGH$ 在浮力的作用下,开始做上升运动。由于气压分布是随高度增加而降低,所以气块在上升过程中随着周围气压不断降低,而气块自身要不断与周围气压取得平衡,因而气块就得不断膨胀使自己体积不断增大。而气体在绝热过程中膨胀是靠消耗自身能量来做功的,因而气块的温度就要不断下降。与气压一样,周围空气的温度在一般情况下也是随高度的上升而降低的,气块温度也是随高度的上升而降低的,二者温度同样是随高度的升高而降低的,但是温度的下降速度是不一样的。如果周围环境温度下降的速度一直比上升气块温度下降的速度来得快的话,很明显此时气块在上升过程中温度一直比周围温度高、密度小,浮力作用一直存在,可以使气块一直维持上升状态。

情况如果不是这样,而是周围环境温度下降速度比空气块在上升过程中温度下降速度来得慢。可以想象,虽然开始时上升气块温度比周围温度来得高,但是由于气块温度下降快,所以总有那么一个时候到达上升气块温度与周围环境温度处于相等状态,气块也就失去了赖以上升的浮力作用,气块就停止上升。但是由于固有动力作用的影响,气块还可以稍微有所上升,可是一上升就产生周周气温反而比气块温度高的现象,因而也就有一个向下的力作用于气块,阻止了气块继续上升的趋势,使气块慢慢地达到平衡状态。还有两种情况,一种是在开始时周围环境的温度下降速度比气块上升时温度下降速度来得快,但是到了一定高度之后就出现了相反情况,就是周围环境的温度下降速度反而比气块上升的温度下降速度来得慢。这种情况从前面分析可以知道,开始时周围环境有利于使气块上升,后来周围环境就阻碍了气块上升。另一种情况是在开始对周围环境温度下降速度比气块上升时温度下降速度来得慢,可是到了一定高度之后,周围环境温度下降速度变成快于气块上升时温度下降速度。这种环境温度开始是不利于气块上升的,但是如果气块在别的动力影响下能冲破这一层空气的阻止作用达到一定高度后,气块就可以在周围环境影响下开始做自由上升运动。

在气象学中,我们在讨论气块绝热上升过程时,经常用到一个形容大气稳定程度的物理量称之为大气稳定度。另外,我们还经常用到一个形容温度随高度变化程度的物理量称为温度递减率。如图 3-5(a),当大气的温度递减率大于上升气块的温度递减率时,我们称这样的大气为绝对不稳定大气,对于某一层空气属于这种状况,则称这层空气为绝对不稳定层。如图 3-5(b),当大气的温度递减率小于上升气块的温度递减率时的大气称为绝对稳定状况,某一空气层属于这种状况,则称为绝对稳定层。很明显当大气处于绝对不稳定状态时,将有利于空气中对流的产生和发展,而当大气层结处于绝对稳定状况,那就将不利于大气对流的产生和发展。在实际大气中绝对稳定的层结与绝对不稳定的层结都是比较少见的。而比较经常见到的都是条件稳定与条件不稳定层结。如图 3-5(c),在开始时上升气块温度递减率大于空气层结温度递减率,从这一段看来空气似乎是稳定的,其实这种空气稳定程度只是一种假象,如果气块一旦获得足够的动力条件冲破这一层微弱的稳定层达到 l 点以上时,这时上升空气的温度递减率就大大地小于周围空气的温度递减率,使气块迅速发展上升,可见这样的空气层结其实际是一种不稳定层结,我们称之为真潜在不稳定层结。还有一种情况如图 3-5(d),开始时上升气块温度递减率小于周围空气温度递减率,表现出不稳定性,它有利于气块上升,对流发展,但是它的发展只是暂时的或者短暂的现象,因为当对流发展到 l_1 高度以上时,由于这时上升空气温度递减率大于周围空气温度递减率,因而就阻碍了对流的继续发展,空气块停止上升,对流停止。所以这样的空气层结看起来是不稳定的,其实是蕴涵着真正的稳定因素。我们称之为潜在稳定型。

　　总之,当空气处于稳定状态时,它的作用不利于空气的上升、对流的发展、云的形成;相反,当空气处于不稳定状态时,它的作用将有利于空气的上升、对流的发展、云的形成。因此,空气的稳定程度对于云的形成和发展有着深刻的影响。如图 3-5(d)所示,图中逆温层如果高度很低的话,根本就不能生成云,但是有利于雾的生成。

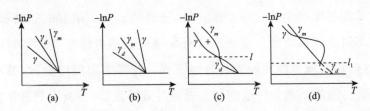

图 3-5　几种不同情况的稳定型

(a)绝对不稳定型;(b)绝对稳定型;(c)真潜不稳定;(d)潜在稳定型

(P 表示大气压;T 表示气温;γ_m 表示湿空气温度递减率;γ_d 表示干空气温度递减率;γ 表示环境温度递减率)

上面讲了空气在绝热情况下上升的情况,但是实际上空气上升而能产生成云致雨现象的上升运动绝非仅在绝热情况下进行,它还在非绝热情况下进行,如果考虑到空气块在上升过程中与外界有能量交换的话,就更不是在绝热的情况下进行的了。

当空气含有较多水汽时,在它上升过程中当空气中水汽未呈饱和状态时,如果不考虑与外界能量交换的话,可以认为是在绝热情况下进行的。但是一旦当水汽呈饱和状态后情况就完全不一样了,因为当空气呈饱和状态后继续上升,温度继续下降,有一部分多余水汽便被凝结成水滴。这样就产生了两种情况:其一,由于水汽凝结成水滴后停留在底部,如果不再随空气上升,那么空气的质量就减少了,密度也就变小了;其二,水汽凝结成水滴的过程是释放潜热的过程,释放出来的能量加热了原来的空气,使原来空气的温度变得更高些或降低得更慢些。这两种作用一般都有利于使空气块继续上升,对流增强。

二、对流是生成云的一个重要因素

空气块由于受到对流的作用而上升,随着空气块的上升,温度的降低,空气中的水汽逐渐由不饱和变为饱和,进而凝结出水滴而生成云。当然促使空气块上升产生对流的原动力是多种多样的,前面谈到的空气块受热变轻在浮力作用下上升是其中一种,称为自由上升。还有强迫上升,如山地阻挡,锋面影响,乱流作用等原因造成,这将在后面继续谈到。

因对流作用而产生的云多是孤立的、分散的云块。最普通的是积云(淡积云),如果当时空气层结很不稳定或者有足够的原动力使空气达到自由对流高度,那么这时积云就可能发展成高耸如塔或如花椰菜形的浓积云,或者进而发展成积雨云。强的积雨云一般都能发展到对流层顶部,再上去就是平流层。平流层的温度垂直分布状况与对流层完全不一样。平流层温度在垂直方向上基本是等温的或温度随高度略有升高。从前面我们知道,这样的温度分布情况完全不利于空气块继续对流上升,所以一般对流云发展到对流层顶部也就宣告结束,只有发展非常旺盛的对流云在原动力的作用下继续上升一段有限高度也将被迫停止。这也就是我们所看到的积雨云顶部为什么老是呈铁砧状的原因之一。在对流发展过程中，如果在对流层中有一稳定层存在（如逆温层），它阻止了空气块继续对流上升，对流云的发展也就停止了，但是在稳定层下部对流还在继续发展上升，因此就出现了使对流云在稳定层底部平衍开来的情况，这样就形成了积云性层积云或积云性高积云。冬季在我国经常有强烈的逆温层存在，所以冬季的积云经常平衍成积云性层积云或积云性高积云。对流云在发展过程中得不到新的上升气流的补充，这样对流云也将失去继续发展的可能而逐步平衍成积云性层积云或积云性高积云。比如到了傍晚太阳下山，地面增热减慢，甚至开始散热，这样自由上升原动力失去了，因此也不可能产生新的对流，而这时对流云也因空气逐渐趋于稳定而停止上升，平衍开来形成向晚性层积云（积云性层积云的一种）。

三、辐射冷却作用是生成云的第二种因素

辐射是热传导的一种方法，任何物体都可以通过辐射而散失热量，同时也都可以通过吸收别的物体的辐射而得到热量。

例如，地球的表面在白天受到太阳辐射而得到热量，使地表温度升高，同时地球表面本身除了反射太阳光之外，自身又以长波形式向空气辐射，散失热量，而使空气增温，它还以长波形式向地球深处传输热量。而到晚上，如果天空无云，地球表面就基本上只剩下以长波形式向太空净辐射散失热量了。如果晚上有云，则云层还可以向地球辐射一部分热量，使地球热量得到一定补充。同地面一样，空气除了通过辐射得到热量外，自身也在不断地辐射而散失热量，特别是空气中含有大量杂质的时候。如果大气中含有大量尘埃、灰粒、水汽等，这时空气如果层结较稳定，这些杂质和水汽就会大量地集中在空气下层组成有效辐射面，而杂质不但善于通过吸收辐射得到热量，同时也善于通过辐射而散失热量。因此当这些杂质与水汽组成有效辐射面以后，空气中热量经大量辐射冷却，空气温度下降，使空气中水汽含量达到饱和状态而凝结出水滴生成云。如果此时环境温度递减率小、层结稳定，而且稳定层较低，那么潮湿空气就会在不高的高度上凝结成层状云，例如层云（如果稳定层很低只能生成雾而不能生成

云）。如果这时空气层结不是很稳定，可能产生微弱的对流与乱流，这样就不能生成层状云，而只能生成层积云或高积云了。而在稳定层下部形成云层后，由于云层上部辐射散失热量，使其上部空气因吸收辐射而得到热量增高温度，在稳定环境中形成逆温层，因而又增加了空气的稳定程度。但是这种云维持时间不会太久，一般在太阳出来后，地面迅速增温影响近地面空气也迅速增温，破坏了稳定层，同时也由于温度升高，水汽压减小，一部分云层逐渐抬升分裂成碎层云、层积云，而另一部分由于水滴重新被蒸发而使云消散。抬升的那部分云层也会由于温度不断上升而消散。

四、强迫上升是形成云的第三种途径

我们知道，空气上升过程中可以通过降低温度使水汽达到饱和而凝结成小水滴生成云。但是空气并不会无缘无故地上升。

在浮力作用下自由上升是一种形式，强迫上升又是一种形式。

强迫上升，顾名思义指空气本来不会上升，而由于某种原因造成迫使空气块作上升运动。例如当潮湿的空气在外力作用下（如在风的作用下），作水平移动时，碰到高山的阻挡，空气不能作水平运动而停留在山边，而后面不断有空气继续移来，这样在山脉的迎风面出现了空气堆积现象，水平方向由于山的阻挡无法通过，因而这些堆积的空气只好沿山坡做上升运动，这就是强迫上升作用。而潮湿空气在沿山坡向上爬升的过程中，因绝热冷却使气团本身温度下降（原因同自由上升一样），当空气温度下降到露点温度时，空气中的水汽就有一部分凝结出小水滴生成云。

做强迫上升运动的空气，在上升过程中所生成的云是什么云呢？这就要看周围环境层结稳定情况。如果此时周围环境温度递减率很小，空气层结稳定，在这种情况下，最多只能生成一些层状云或扁平的积状云。如果温度直减率很大，空气层结属不稳定型或真潜不稳定型，强迫上升运动强烈，可以使对流云强烈发展起来，对于真潜不稳定型的层结只要强迫上升的高度能使其达到自由对流高度，对流云也可以强烈发展起来，形成淡积云、浓积云，甚至积雨云。这种强迫上升运动在山区是经常碰到的，所以山区、丘陵地带多积雨云发展，多雷雨

就是由于这个原因所致。

当然强迫上升不仅局限于沿山坡爬升这一类型,例如暖空气沿锋面爬升也属于强迫上升这个类型,这种情况我们在后面将要继续讲到。

五、扰动作用是生成云的第四种形式

空气中经常由于动力或热力影响产生不规则运动,这种不规则运动就称为扰动,也叫做湍流扰动。

扰动是一种不规则运动,可以往四面八方,也可以上升,也可以下降。而且扰动作用在空气层中任何高度都可能发生,但是在近地面摩擦层内产生的机会最多,这是由于摩擦层内空气受地面摩擦力的作用,气流水平速度比高空来得慢,这样在摩擦层内的气流速度与高空气流速度就存在一个切变,因而也就会产生扰动。所以摩擦层内空气扰动是经常发生的现象。

在摩擦层中由于空气经常处于扰动状态,因而产生不规则对流,促使空气中水汽充分混和使水汽较均匀地随高度分布。

同时由于扰动作用,当扰动处于上升时,空气块就上升冷却降温,在水汽达到饱和后就会凝结出水滴形式云。当扰动处于下沉时,空气绝热增温不利于水汽凝结因而不能成云。这种扰动所产生的云多半是层积云和层云。海上因水汽多,温度递减率小,风速大,常因旋风作用而引起剧烈扰动,故常生成层积云。

在海上的气流移到陆地后也会因陆地上地表坎坷不平而产生动力涡动而生成层积云。

在高层大气中,当上下两层气流流速不同时,也常常发生扰动。如图 3-6 所示,上层气流速度快于下层气流,当上层气流赶上下层气流时,就破坏了原来的平行状态,在上层气流前方有一部分就要作下沉运动,来弥补上层气流前方下部空虚状态,而当下层气流赶上来后,由于受到上层气流作下沉运动那部分气流的阻挡而开始作上升运动,这样就产生了扰动,即涡动现象,这种涡动常作波浪式运动,所以产生的云往往是高积云、层积云、卷积云。

图 3-6　扰动形成(一)

在高层空气中除了上层气流快于下层气流发生扰动外，下层气流快于上层气流时也会发生扰动涡动现象（图3-7），原理同前面所讲一样。上下层气流不但速度不一样时会发生扰动，当上下层气流方向不一样时也会发生扰动现象（图3-8）。

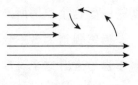

图 3-7　扰动形成（二）

在什么样的情况下最容易产生扰动呢？哪些因素是扰动的有利因素呢？从实践观测中，我们知道一天之中从日出后到下午扰动最多，也最强烈，所以高度也就最高。这是因为，日出后由于地面受热不均匀的影

图 3-8　扰动形成（三）

响破坏了空气中的稳定层，使空气层结变得不稳定，因而容易产生对流、湍流扰动。晚上由于地面不断散热，使空气层结又趋于稳定，因而扰动、对流都减弱甚至停止。一年中四季都可以发生扰动，但以夏季最为厉害，扰动层也最厚。这是因为夏季由于空气受热厉害而变得相当不稳定，有利于对流发展而产生扰动现象，因此夏季多雷阵雨天气原因盖出于此。在冬季情况则相反，空气层中经常有非常稳定的逆温层存在，由于它的存在阻止了对流的发展，也阻止了扰动的产生和发展。

另外，在风力较大时也容易产生扰动，空气层结不稳定时也容易产生扰动，还有地面崎岖不平、起伏明显时都有利于产生扰动现象。

六、锋面作用是生成云的第五种形式

锋面是冷暖空气的交界面，在一般情况下，冷空气因其密度大、重量重而从底部楔入暖空气下方，而暖空气却被迫沿着冷空气面向上爬升。暖空气在冷空气斜面上爬升时，一方面由于暖空气在自身上升运动中不断绝热冷却而使其温度不断降低，另一方面由于冷空气影响和不断与冷空气混和，使暖空气通过热量交换也不断丧失热量而自身不断冷却，温度也不断降低。在这两个方面共同作用下，暖空气冷却作用比一般情况要来得快。由于暖空气一般都比较潮湿，当它受到冷却作用而达到饱和状态时，就不断地有水汽凝结成水滴形成云。暖空气继续在冷空气面上爬升，后面又有源源不断的暖空气进来补充，所以形成

的云一般是层状云,如雨层云、高层云、卷层云等。

由于锋面的坡度不同因此形成的层状云厚度、高度也就各不相同。但是如果暖湿空气温度递减率较大,也就是说暖湿空气处于不稳定状态,当它沿锋面上升时可能会因强烈扰动而发展成对流性的云。另外,如果冷空气推进特别快时,由于冷空气的强烈冲击作用,也会产生强烈扰动,而在不稳定区域内形成积雨云,这种现象在第二型冷锋中经常碰到。

暖锋是暖空气推着冷空气前进的一种锋(图3-9),我们知道,暖湿空气比起冷空气来说要轻得多。因此,在暖空气推动冷空气前进的同时,要沿着冷空气面上爬升而伸入冷空气上方,这样锋面就形成一个斜面,一般情况下这个斜面的坡度都比较小,暖湿空气在上升过程中也只能是缓慢上升。暖空气在锋面上

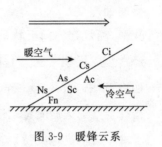

图3-9 暖锋云系

爬升时是整层空气抬升过程。在爬升过程中一方面由于高度不断上升,其自身因不断膨胀而冷却,同时也由于在冷空气面上运动,所以冷暖空气热量也要互相交换,结果使暖空气变冷,冷空气变暖。因而暖空气在抬升过程中是整层地被冷却降温而使水汽达到凝结生成云,这样生成的云一般是层状云,如高层云、卷层云、雨层云等。当然在暖空气沿冷空气斜面爬升过程中,如果速度比较快,或摩擦力的影响都会产生扰动现象。在扰动作用下又可能产生一些层积云、高积云、卷积云之类的云。云层比较厚的可能是蔽光的云,云层比较薄的又可能是透光的。在产生扰动现象后,如果暖湿空气本身温度递减率大,空气层结很不稳定,扰动的结果可能会使对流发生、发展而生成积状云,也可能在不稳定区域发展成积雨云。在雨层云或高层云下面,常常由于雨滴的蒸发而滋生的碎雨云。

冷锋是冷空气推着暖空气前进的一种锋,由于冷空气向暖空气挺进,暖空气一方面被迫后退,另一方面也沿着冷空气爬升而伸入冷空气后方(实质上是冷空气楔入暖空气底部而引起的相对运动)。因而冷锋云系在很多方面与暖锋很相似,例如暖湿空气在锋面上上升时也是整层的抬升过程,也会产生雨层云、高层云、卷层云、卷云等云系,但是冷锋云系的排列正好与暖锋相反。

既然冷锋、暖锋云系都是由于暖湿空气在干冷空气上面爬升而生成的,那么,两种云系是否完全一样呢?我们说,两种云系既有相同的地方,也有其不同的地方。造成不同的原因是因为暖锋云系前进速度一般都很小,坡度都比较平缓,生成的云层厚度大,而且多数也都是层状云,积状云比较少见,能发展成积雨云的现象更少。冷锋情况就不同了,它的前进速度一般比暖锋大,因此在它的前方一般都有积状云生成,而它的暖空气爬升是由于在后退过程中来不及后退而伸入冷空气上方造成的,因而形成的层状云都比较薄,而且在锋面上扰动性比较强,特别锋面前部附近经常生成层积云。这是指一般冷锋而言,也就是第一型冷锋(图 3-10(a))。至于第二型冷锋,差别更大,它是指冷空气前进速度特别快的一种冷锋(图 3-10(b))。由于冷空气前进速度特别快,暖空气完全来不及后退,在冷空气强烈冲击下,暖空气只好被迫向上突起作垂直上升运动,而这时锋面前部呈钩鼻状型。暖空气被迫突起作垂直运动造成强烈对流的结果经常发展成积雨云,所以第二型冷锋一般都伴有积雨云。

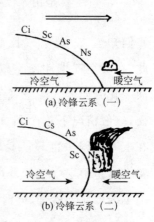

图 3-10 冷锋云系

云的形状

天空是云彩活动的场所,在那蔚蓝的天空上,各种各样的云彩都经历了生成、发展和消散的过程。就云的形状而言,归纳起来可以分为以下几种。

一、层状云

层状云是似一种均匀的云幕铺盖天上的。人们基本上看不清它的结构,低的层状云看上去迷迷漫漫、模模糊糊的一片;高的层状云像绢绸一样铺盖天上,有时根本看不清它的存在,如薄幕卷层云就是这样。

层状云包括卷层云、高层云、雨层云和层云四种。

生成层状云的原因很多,但是总的来看要生成层状云都是由于空气被整层抬升到凝结高度以上时水汽凝结、凝华而生成的。

(一)锋面层状云

在锋面作用下,暖湿空气沿锋面爬升,这是一种整层空气被迫上升的典型情况,也是生成层状云的主要原因。当暖湿空气沿锋面爬升时,首先生成的是雨层云,它主要是由水滴组成的,因为这时高度还较低,水汽一般只能凝结成水滴。随着暖湿空气继续上升,空气中温度继续下降,空气中水汽有一部分被凝华成冰晶,有一部分形成过冷却水滴,这样就形成高层云。当暖湿空气上升到一定高度达到冻结层以上时,这时水汽由于温度很低,所以只能直接凝华而成冰晶生成卷层云。生成层状云时要求暖湿空气势力比较强盛,这样才能有充分水汽源源不断地补充,空气中水滴、过冷却水滴、冰晶才会大量生成层状云。层状云多见于暖锋云系也就是这个原因。暖锋云系所生成的层状云一般都是表征锋面移动的状况,处于锋前地区首先是看到卷层云而后才是高层云、雨层云。这样的卷层云就多是坏天气的征兆,它表示锋面将要来临或正在向我们移来。当然锋面层状云不但暖锋有,冷锋也可能生成。但是只有在冷锋移动比较缓慢的情况下才可能生成层状云。由于冷锋层状云系出现顺序与暖锋刚好相反,所以在冷锋层状云中看到卷层云只能说明锋面已经远离本地。这时它并不代表坏天气的征兆。

(二)对流云衰退后而蜕变成的层状云

当积云发展非常旺盛顶部到达冻结层以上后,上升气流中水汽就直接凝华而成冰晶,使积云顶部发毛进而变为砧状,这时积云就发展到砧状积雨云程度,而后如果积雨云母体衰退,砧状部分脱离母体而成伪卷云,当伪卷云布满全天时即可看为卷层云,这种卷层云本身就意味着云正处在消散过程中,不是什么坏天气的征兆。

而当积云发展开始时,上升气流遇到强烈的稳定层阻挡作用,而上升气流又无法冲破这个稳定层时,在高空风的作用下,云层在稳定层底部沿水平方向散开,也可能形成高层云,但是这时稳定层高度一般应当比较高。另一种情况是雷雨过后,高空稳定层中空气也往往会因水汽直接凝结而生成高层云。

这两种由对流原因而生成的卷层云或高层云并不是经常出现的现象。

(三)辐射作用而生成的层状云

辐射作用而生成的层状云并不是通过整层空气被抬升而使其温度下降水汽凝结生成的层状云。它主要是通过空气层辐射散热使其自身温度下降达到零点以下温度,水汽凝结凝华生成的云。它一般形成于晴好天气的夜晚。

当高层空气中如果有相当的水汽且本地又处于高压区内,高层空气可以通过自身不断辐射散热而降低温度,使其水汽直接凝华而成冰晶,于是在高空中就形成卷层云。这种卷层云一般不厚,往往蜕变为高层云。在中空如果空气比较潮湿或有霾层存在(主要作用是增强辐射作用),强烈的辐射冷却也可能产生高层云。在低层空气中如果空气相当潮湿,水汽含量充沛,在中、高层空气中有一个稳定层或逆温层存在,天空又是晴朗无云,强烈的辐射冷却作用,加上适当的扰动作用相配合,使整层空气都散失热量,当其温度下降到露点以下时,并且凝结高度低于混合层顶部(即稳定层底部),就可能使空气中水汽凝结而生成层云。

(四)平流冷却作用生成的层状云

当暖空气移过冷地面时,暖湿空气底部由于向下传送热量使自身冷却,使水汽达到饱和凝结成雾,上层空气保持较暖状况因而形成稳定的逆温层,如果此时有扰动作用,雾就可能被抬升而生成层云。

(五)山脉的阻挡作用生成的层状云

锋面中的层状云是因为暖湿空气沿锋面整层抬升的过程而产生的。从而我们可知道只要能使整层空气抬升同样也可以产生层状云。比如,当暖湿空气被高大山脉(山的坡度较小)阻挡后,也会被迫沿山坡上升,而后面暖湿空气又会源源不断地补充过来,就可能在山脉的迎风坡面生成层状云,其原因同样是抬升、膨胀、冷却、凝结的结果。

二、积状云

大气中有各种各样的上升运动,不同的上升运动所生成的云状也各不相同。

大气中的对流运动可以产生淡积云、浓积云、积雨云等，我们称这些云为对流云，又称积状云。

对流云，顾名思义应该有对流发展，因此它要求空气层结属于不稳定型或真潜不稳定型。如果空气的层结稳定，它将有碍于对流云的生成或发展。云是水汽凝结而产生的现象，因此对流云的形成一定要求对流的高度超过凝结高度，才能凝结成云，否则虽有对流也不能成云。

由于造成对流的动力因子各种各样，空气稳定情况也是千差万别，因此产生的对流云个体大小、发展情况也各自不同。对流比较弱的只能生成小块的淡积云，它的云底高度从几百米到一千多米不等，而它的厚度也只有几百米到2 000米左右。对流比较旺盛，空气层结不很稳定时，可以产生高耸如塔的浓积云，它的顶部可以达到很高的程度，达4 000～5 000米左右，它的底部由水滴组成，而它的顶部却是由过冷却水滴组成，它的云底高度和淡积云基本上相似（图3-11）。对流非常旺盛，空气层结又非常不稳定时，对流云可以强烈发展而生成积雨云。积雨云的高度可以伸入10 000米以上，甚至可以伸入平流层底部，其范围也非常大，可以大到几十千米。积雨云底部是由水滴组成，中部由过冷却水滴、冰晶、水滴共同组成的混合体，它的顶部都是由冰晶组成。积雨云发展到最大程度后由于能量大量消耗（如降水或由高空向远处传送），上升气流不能继续维持其旺盛的生命力，积雨云便慢慢地消散了。

图 3-11　近处淡积云　远处浓积云

对流云是上升气流中水汽凝结而生成的。空气中既有上升气流当然也会存在下沉气流,下沉气流由于是绝热增温过程,温度上升,相对湿度变小,因而也就无法生成云,所以对流云多数是局部的、孤立的云块单体,在云块之间可以看见蓝天。

我们看到的积云底部都比较平坦,而且高度大致相等,这是因为对于某个地方在同一时间内湿度分布大致相等,因而凝结高度也大致相等,这样就造成了积云底部平坦和在同一地区内所有积云云底高度大致相等的情况(图3-12)。

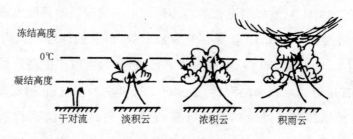

图 3-12　积云形成

在空气层结不稳定的情况下能够产生对流的方式是多种多样的,有浮力作用、锋面作用、地形作用、平流作用等。

(一)浮力作用

这种作用一般是产生在单一气团内部,由于空气受热不均匀而引起的。白天在受热多的地方温度升得快,体积膨胀,空气密度比其周围空气来得小,因此产生一股强大的推动力,这个力就是浮力。暖空气就在这个力的作用下做强烈的上升运动,开始对流。暖空气块在上升过程中绝热冷却,当它的温度下降到露点以下时,空气块的水汽就开始凝结成小水滴,这样就生成对流云。如果下面有源源不断的暖湿空气上升给予补充和推动,而且周围空气温度递减率大,那么这个对流作用可以很快发展下去,甚至发展成积雨云出现热雷雨。这种对流云的发展一般在日出后开始,中午过后达到最旺盛,到傍晚前后出现雷雨,傍晚以后便逐渐消散。

(二)平流作用

产生对流云的平流作用一般是冷空气行经暖湿空气之上,由于干冷空气比暖湿空气来得重,因此当冷空气行经暖空气之上时显得很不稳定,冷空气要下沉,暖空气要上升,便产生翻滚的对流现象。在对流中暖湿空气带着水汽上升,在冷空气掺和冷却和上升绝热冷却共同作用下,暖湿空气中的水汽很快达到饱和凝结出水滴而生成对流云。这种情况如果发展强烈也可以生成积雨云而产生降水。它一般是发生在沿海地区,晚上陆地上冷空气流向海上与海面上原来暖空气发生强烈对流而发展起来,因此这种雷雨多发生在晚上。

(三)锋面作用

暖湿空气因受到锋面抬升而产生对流作用发展起来的积状云。它多发生于冷锋系统。这是因为冷锋一般前进速度都比较快,特别是第二型冷锋,前进速度更快,在冷空气前进过程中,暖空气因来不及撤退而在冷空气前面堆积,堆积到一定程度,冷空气再前进,暖空气被迫作垂直上升运动而形成对流。

这种对流范围大,厚度厚,它也可以发展到积雨云而产生降水。这种形式发展起来的积状云一天内都可以发生,但因为它是暖湿空气抬升作用而生成的,因而还是伴有热力影响,所以它更经常发生于白天。暖锋云系一般是层状云,但是如果暖湿空气很不稳定,在其上部亦可发生、发展对流性的云,它发生于晚上的机会多一些。这是因为到了晚上云顶部分因强烈辐射冷却变得很冷,而下部则由于其上部云层阻挡了辐射作用和地面辐射供应部分热量,因而相对来说比较暖些,这就形成了上冷下暖的局面。它的形成本身就是很不稳定,容易发生对流而产生对流云,它发展到旺盛阶段也可以发展到积雨云而产生降水。这种积雨云因其底部被大范围的雨层云所包围遮盖,往往看不清它的外貌,只能凭雷声雨点来判别其存在。

(四)地形作用

当空气沿着山脉移动时,如风对着山脉吹,这时在迎风面的空气由于被山脉阻挡无法继续做水平方向移动,只好被迫沿山坡向上爬升,这时如果山坡较陡峭,而空气层结又不稳定或较不稳定或下部稳定上部不稳定,那么空气在沿山坡被迫上升过程中,到了一定高度(到不稳定层)后自由对流亦可发生,产生对流云。这种对流云的迅速发展也可以发展到积雨云阶段而产生雷雨。因此山地比平地多雷雨一般是由于这种原因造成的。当然这时地形作用应结合空气层结不稳定，如果空气层结很稳定，一般只会生成层状云而发展不成对流云。而晚上空气层结一般都比较稳定，所以这种地方性雷雨一般也是发生在白天，晚上次数较少。

三、波状云

波状云，即有限制的对流云，是一种最常见的云，它包括高积云、层积云、卷积云等。

我们平常所见到的高积云、层积云、卷积云都是一块块单体排列于天空，即使是蔽光层积云也可以分清它的单元结构。它有时像水面上的波浪一样，因此称之为波状云。

波状云是怎样生成的呢？

从波状云的结构，我们可以知道形成波状云时，天空中应有上升和下沉气流，在上升气流的地方，水汽凝结成云；在下沉气流的地方因绝热增温，相对湿度变小不能成云。因而天空中才能出现以单一云块为主体的云层。另外，在一般情况下应有一个较稳定的层次形成于中高层空气之中，只有这样才会阻止上升气流发展成对流性的云体而形成波状性的云体。

在稳定层下部如有波动气流存在时，在波动气流的作用下最容易形成波状云。如图 3-13 所示，上层气流与下层气流存在切变时，两层空气层中间就可能产生波动。如果此时空气中水汽较多，波动层又处于凝结高度之中，那么在上升气流的地方空气被抬送到凝结高度以上而凝结成云，在下沉气流的地方就不会生成云，这样就形成了波状云。如果稳定层下面水汽很充沛，形成的云层就比较厚，反之比较薄，波动的高度高些，就可能产生卷积云、高积云，低些就只能生成层积云（图 3-14）。

凝结高度

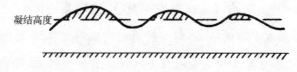

图 3-13　波状云的形成

图 3-14　层积云

稳定层（逆温层）对于波状云的生成甚为重要，其一是阻止上升气流造成强烈对流，其二是还能抑制水汽向上扩散，使之易于积聚在稳定层底部，这就为生成波状云准备了充分水汽条件。

造成波状云的动力因素很多，锋面抬升、对流作用、山地影响都可以生成波状云，但更多的情况是扰动、波动而生成的。当锋面比较平缓时，暖湿空气沿锋面爬升，整层空气被抬升。一般情况下生成层状云，如果这时在锋面上有微弱的扰动产生，就可能生成波状云，如高积云、层积云等。在对流云发展过程中遇到强的逆温层，对流发展不上去，而下面水汽又源源不断地补充进来，因而对流云就在逆温层底部向四周平衍开来而形成积云、层积云或积云性高积云。在逆温层底部由于水汽不易向上扩散，因而水汽易积聚在一起，所以逆温层底部冷空气经常处于饱和状态，一旦产生波动、涡动就可能生成波状云。

云的结构

云是空气中水汽凝结的产物，我们知道水汽既可以凝结成水滴，也可以凝华成冰晶，在某种情况下，也可以在温度处于零度以下时，尚保持液体状态的过冷却水滴。因而可以推断云应是水滴、过冷却水滴、冰晶或由它们混合而组成的。

云从组成形式上可分为水云、冰云、水冰混合云。

空气在某种外力的作用下被抬升,在抬升过程中水汽逐渐由原来未饱和状态变成饱和状态或过饱和状态,因而也就有多余的水汽被凝结、凝华成水滴或冰晶。我们知道,空气中温度是随高度的增加而逐渐降低的,高度越高,温度越低。如果水汽较多,空气在抬升过程中容易达到饱和产生凝结现象,这时因为凝结高度不高,在凝结高度上空气温度尚在 0℃ 以上,水汽只能凝结成水滴,这样由水滴组成的云体,就是水云。如果空气中水汽含量较少,空气在抬升过程中要达很高的高度才能达到饱和,这样凝结高度就很高,在冻结层以上,这时不论周围环境温度或上升气块本身温度都在 0℃ 以下,因而空气中的水汽在凝华核的作用下直接凝华于凝华核表面而生成冰晶,这种由冰晶组成的云体,称之为冰云。另外一种情况就是空气中水汽比较多,在锋面作用、地形抬升或对流很强的情况下,空气中的水汽含量丰富,在较低的层次首先被大量地凝结成水滴组成水云。而后空气继续上升,因为空气中水汽已经有一大部分被凝结成水滴,所以空气中水汽含量已大大地减少,只有在继续上升过程中达到较高高度时才能重新凝结,这时空气中温度已经达到 0℃ 以下,水汽就直接凝华而成冰晶组成冰云。对于对流云体情况更是这样,一方面是空气不断上升,另一方面又源源不断地得到水汽补充,因而空气就一边上升,一边凝结(华)。在其下部是水滴,在其中部是水滴、过冷却水滴、冰晶,其上部则完全是冰晶,这样就组成了两种状况的混合体。

高度比较低的云,一般都是水云,如层积云、淡积云、碎积云、层云等。高度比较高的,一般都是冰云,如卷云、卷层云、卷积云、高层云等。处于它们之间的,或者是直层云族的云,都属于混合云,如浓积云、积雨云、厚的高积云、厚的高层云、雨层云等。

水云一般应是由水滴组成的,但也可以有少量的冰晶。水汽在达到饱和后凝结而成的水滴都很小,在纯水滴中,由于水汽与水滴的饱和水汽压相差不大,同时它们之间合并现象又是相当微弱的,因而在水云中水滴增大过程是很缓慢的,一般不会增长很大,很难形成雨滴而产生降水,最多也只能下些毛毛细雨。如果当水云厚度比较厚时,云中水滴大小很不一致,由于大小水滴饱和水汽压相差较大,小水滴就容易通过自身蒸发而凝结到大水滴上面,使大水滴迅速增大,同时如果上升气流较强,水滴也容易通过碰撞合并而增大,这样就可能发生微弱的降水现象。

冰云一般应是由冰晶组成,但也可能包括少量的过冷却水滴。由于冰晶表面的饱和水汽压远小于水汽的饱和水汽压,也小于过冷却水滴表面的饱和水汽压,因而在有冰晶存在时水汽易于凝华于冰晶表面,而使冰晶增大,同时由于冰晶之间在碰撞时碰撞面发生蒸发,在蒸发时又要吸收热量,这样它们温度降低,冰晶就互相冻结在一起,使冰晶变大。增大的冰晶只要在下降过程中不被蒸发完就可能造成降水,这种降水现象一般比水云来得大。

水冰混合云体是既有水滴,又有冰晶混合组成,或许下面是水滴,上面是冰晶组成的。这种云体形成了水的三相共寓于一体之中的现象,不但存在着凝结、凝聚过程,而且因三者共存,冰晶表面饱和水汽压很小,空气中的水汽在尚未达到饱和状态时,一般不会产生凝结现象,但对于冰晶来说可能已经达到了饱和状态或过饱和状态,因此水汽就更易于凝华于冰晶表面。水汽凝华于冰晶表面,空气中水汽更少了,水滴就开始蒸发扩散补充空气中的水汽,而这些水汽又凝华于冰晶表面,于是冰晶就会迅速增大,使之形成大冰粒降落融化成雨滴。造成大量降水现象的云多半都是这种云。

云既是水滴、冰晶组成的,这些水滴、冰晶为什么不会降落到地而会悬浮于空气之中呢?这是因为组成云的水滴、冰晶都很小,其半径多数在 2～15 微米,最小的还不到 1 微米,因而这些水滴下降速度极慢。如若以半径为 10 微米的水滴来计算下降速度的话,它的等速下落速度也只有 1.26 厘米/秒左右,即使云底离地很低只有 1 000 米,它也要经过一天多时间才能降落到地面,在这么长的时间内,那么小的水滴早已蒸发光了,哪里还会落到地面?何况空气中总不会十分平静的,稍许有些上升气流就足以抵消它的降落作用,甚至还会使它上升,不会下降。因而形成云的小水滴是不会降落而只会悬浮于空气之中。只有由云中的小水滴不断增大形成雨滴或冰粒。这时因其半径大大增大,下降速度大大加快,而且上升气流也托不住它的时候,才会下降到地面形成雨、雪、冰雹。雨滴的半径一般在 0.05～3 毫米,就以 3 毫米雨滴计算,它的下降速度为

912厘米/秒,以这样速度在 3 000 米左右高空下降到地面也只有 5～6 分钟时间。

云的分类

目前国际上对于云的统一规定分类法是云高分类法,首先将云分为高云、中云、低云三个云族,同时按云的宏观特征、物理结构和成因划分为十属二十九类云状(表 3-1)。云底平均高度在 5 000 米以上为高云族,云底平均高度在 2 500～5 000 米为中云族,云底平均高度在 2 500 米以下为低云族。

表 3-1　云状分类表

云族	云属		云类		云族	云属		云类	
	中文学名	简写	中文学名	简写		中文学名	简写	中文学名	简写
高云	卷云	Ci	毛卷云	Ci fil	低云	层积云	Sc	透光层积云	Sc tra
			钩卷云	Ci unc				蔽光层积云	Sc op
			密卷云	Ci dens				积云性层积云	Sc cug
			伪卷云	Ci not				堡状层积云	Sc cast
	卷积云	Cc	卷积云	Cc				莢状层积云	Sc lent
	卷层云	Cs	薄幕卷层云	Cs nebu		层云	St	层云	St
			毛卷层云	Cs fil				碎层云	Fs
中云	高积云	Ac	透光高积云	Ac tra		雨层云	Ns	雨层云	Ns
			蔽光高积云	Ac op				碎雨云	Fn
			积云性高积云	Ac cug		积云	Cu	淡积云	Cu hum
			莢状高积云	Ac lent				浓积云	Cu cong
			絮状高积云	Ac flo				碎积云	Fc
			堡状高积云	Ac cast		积雨云	Cb	秃积雨云	Cb calv
	高层云	As	透光高层云	As tra				鬃积雨云	Cb cap
			蔽光高层云	As op					

（一）高云

1. 卷云（Ci）

卷云是分离散乱的云，呈白色丝状，有纤维结构，有毛丝一般的光泽，一般没有暗影（图 3-15）。厚的密卷云偶有暗影，但在其边缘部分丝的光泽和纤维结构仍很明显。

图 3-15　卷云

卷云形态结构多种多样呈片状、狭带状或并合成孤立的团簇，有像鸟雀羽毛的，有像钩状的，有的像逗点，经常排列成带状辐辏于地面一点或两点。

卷云经过太阳光底下时，因其大多数很薄所以不足以减弱太阳光辉，但特别厚的卷云有可能挡住太阳部分光辉，使太阳光辉减弱，但其边缘部分仍有卷云特征。卷云上有时会有晕出现，因为卷云所处高度都很高，所以日出前、日落后在地面上已无阳光照射时卷云上可能仍有阳光照射，使之常呈现鲜明的黄色或红色，云层较厚时呈灰白色。

卷云是云族中高度最高的一种云，基本上全部由冰晶组成，由于地面上水汽很难送到那样的高度，所以高空中水汽含量就很少（积雨云在发展阶段除外），而能凝结成云的水汽更少，这样就决定了卷云的厚度都不会很厚的内在原因。卷云的存在说明高空中有扰动产生，在对流层顶附近当上层空气运动远快于下层空气时，上层空气前部赶上或超过下层空气，于是产生下沉现象，形成波浪式运动,这就造成长条形、羽毛状形等各种卷云形态,也会由于高空风的强烈作用而形成乱发形状。

卷云也还经常出现于冷锋后部、暖锋前部或低压槽前强烈辐合带上空。这是因为在锋面或辐合带中才有足够的上升力量把水汽送到很高的高度,凝结成卷云之故。当然在积雨云顶部卷云部分形成的原因也具有同样的因素。

毛卷云(Ci fil) 云体分散,没有融合现象,呈平直或弯曲的云体,像羽毛、马尾,中部可能比较突出,但不融合没有带钩或成团簇。纤维结构与丝的光泽都很明显,没有阴影部分很薄(图 3-16)。

图 3-16 毛卷云

钩卷云(Ci unc) 具有小钩或逗号形状的卷云。在其上部有小团簇。钩卷云主体多数排列平行呈有系统地侵入天空。

密卷云(Ci dens) 云丝密集聚合成片状的云体,有阴影部分,云体一般较厚,太阳经过其上面时可使太阳光辉减弱。薄薄的密卷云,透过它可以看清全部日盘,较厚的密卷云只能看清轮廓,再厚的密卷云可以全部遮住太阳。但其边缘部分还是可以看清卷云结构的全部特征(图 3-17)。

伪卷云(Ci not) 起源于积雨云顶部,当积雨云母体衰退后剩余的上面砧状部分,因而也称之为砧状密卷云。它的云体块大洁白,中部可能有阴影部分。

图 3-17　密卷云

2. 卷层云（Cs）

卷层云像绢绡一样铺盖天空上的均匀云幕，白色光亮，有时可以使纤缕结构依稀可辨，好像乱丝一样。有时则完全看不清其结构，天空呈乳白色。

卷层云一般都会慢慢地布满全天，但是再厚的卷层云在太阳视角度较高时都无法挡住太阳光线的照射使地物无影。卷层云经常形成于 4 500~8 000 米以上的高空，主要是由六角形针状细小的冰屑所组成的。因卷层云经常伴有晕的现象，当天空中分布着均匀而又看不出任何结构的卷层云幕时，有时我们只好借助于晕的现象来判断它的存在。

卷层云经常形成于暖锋前部，空气整层被抬升到冻结层高度以上时水汽凝结而成的云层，因而系统侵入的卷层云如果云底高度不断降低变厚的话，一般可以认为暖锋锋面正在逐步移来，成为预示坏天气的前兆。当然，卷层云还可以通过高空辐射冷却后水汽凝华成冰晶而生成的，但这种卷层云一般很薄，而且云底高度一般不会降低，是不难与暖锋云系前部的卷层云相区别的。冷锋后部也能出现卷层云，这种卷层云是在云体不断抬高过程后出现的。

薄幕卷层云（Cs nebu）　也称匀卷层云，均匀且极薄的云幕，即使有时稍厚一些，都很难看清它的结构。它像极薄的绢绡铺盖天上一样，有时使天空呈乳白色，经常只有通过晕的现象来判断它的存在。

毛卷层云（Cs fil）　白色的云幕铺盖天上，但其厚度很不均匀，纤缕结构比较明显,很像大片密卷云,很可能是从密卷云蜕变而成的。伪卷云也可蜕变为毛卷层云。云层常从某一方地平线上侵入天空。

3. 卷积云(Cc)

卷积云是云块很小,常呈银鳞片或小薄球状组成的云层或云片,既薄又白,光泽明显,个体常成行,成群排列,像微风吹过水面形成小波纹一样,云块的视宽度大都在1°以下(图 3-18)。

图 3-18　卷积云

卷积云大部分是由微小雪花、细小球形的冰晶和一部分过冷却水滴组成的,其高度一般在 4 500～8 000 米。它的形成说明高空存在宽阔而浅薄的不稳定空气层,存在微弱的上升运动和下沉运动,因而形成单元极小的云块,另外也说明在此层气流中呈微波的升降运动,这样才能构成云体之间呈波浪式的排列。总之,卷积云的出现说明高空气流很不稳定。

卷积云在锋面云系中偶可出现,但是它一般地总是代表着卷云或卷层云的退化阶段,卷云或卷层云都可以蜕变成卷积云,蜕变成的卷积云的云片常在其边缘显现纤缕结构。卷积云上不大可能产生晕的现象,但经常可以看到华。

(二)中云

1. 高积云(Ac)

高积云是白色或灰白色成片、成块、成层的云(图 3-19)。云体变化较大,小的有时像卷积云,大的有时像层积云,但它的视宽度大约多在 1°～5°。云的厚度变化也很大,薄的呈白色能显示太阳位置,厚的足以遮住全部太阳光线。大部分高积云都有阴影部分。它经常由薄块、团块、滚条状的小单元组成。在这些单元中有时有纤缕结构,但大多数边缘均呈松散样子,成行、成条排列于空中,较有规律。

图 3-19 高积云

高积云由水滴组成,可能含有少量冰晶与过冷却水滴。它形成的高度变化也很大,大约均在 2 500～4 500 米。它的形状也是多种多样的,有荚状、絮状、滚条状、辐辏状等。在天空中有时可以同时出现几层不同高度的高积云。高积云云块间,有时很密集,甚至连成一片,有时很不紧凑,松散地一块块排列。

当高积云经过太阳、月亮方位时,经常出现美丽的华圈。这是因为构成高积云细小水滴衍射阳光、月光的结果。

形成高积云的原因,一部分是因为空中一定高度上存在逆温层,在其上部的暖空气滑行于冷空气斜面而上升时,气温因冷却而下降,水汽达到饱和而凝结形成高积云。另外由于逆温层底部的冷空气因水汽易于集结经常呈饱和状态,一旦有扰动、涡动产生,也可以使水汽凝结而成高积云。锋面云系也经常有高积云生成,这是因为暖空气在锋面上滑行时整层抬升,如果没有扰动产生,一般产生层状云,一旦有微弱的扰动产生,就有可能生成高积云。

透光高积云（Ac tra） 云体个体明显，云块颜色从洁白到深灰都有，云块厚度变化很大，个体分散、排列整齐，各部分透光程度不一样，云块之间可见蓝天，有时排列紧凑，云块间看不到蓝天，但是云层较薄的地方也比较明亮，云块个体也依稀可辨。经常可以见到华圈。

蔽光高积云（Ac op） 是连续的高积云层，云块很厚呈暗黑色，不透光，个体密集不见缝隙。云块间不见青天，日光、月光全为遮蔽，也不会看见华圈。云块排列很不规则。云底部分有时由于强烈扰动作用造成球状云体下垂，形成悬球状高积云，下垂体往往又被上升气流托住，一旦上升气流减弱可能会变成雨幡或降水。一般情况下，蔽光高积云底部虽无球状下垂，但云体仍不十分平直，常呈凹凸不平状况。

荚状高积云（Ac lent） 高积云块分散成若干片状的椭圆形云块，形成豆荚或纺锤状，有时焕发虹彩，轮廓分明，云块多变。荚状高积云主要是由于局部上升气流和下沉气流汇合而形成的。如图 3-20 所示，当上升气流使空气通过绝热冷却作用水汽凝结而成云时，遇上下沉气流，在下沉气流压抑下，云体不仅不能向上继续伸展发展，反而在其边缘部分还要蒸发变薄，于是云体就形成了豆荚形状。

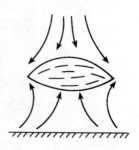

图 3-20 荚状云形成

积云性高积云（Ac cug） 云块大小不一，呈灰白色，外形略有积云特征，在其初始阶段很像蔽光高积云，而后向透光高积云转化，最终消失。

积云性高积云是由于对流性的云体，如浓积云、积雨云在其发展过程中碰到强的逆温层作用，在其上升气流势力不足以突破逆温层时，对流顶部在逆温层底下顺着逆温层平行展开，积云顶部花椰菜状消失，最后形成积云性高积云。另一种情况是对流云发展过程中，对流减弱底部没有上升气流继续补充，因而顶部也逐渐塌陷平衍最终变成积云性高积云。

积云性高积云可以分为两类：堡状高积云和絮状高积云。

①堡状高积云（Ac cast）

堡状高积云是具有平坦的底部，顶部隆起有较明显的积云特征，有的地方隆起特别明显,一般水平宽度很宽而隆起高度比起水平宽度有明显差别,看上去像城堡一样,云块视宽度在 1°～5°。堡状高积云常在波状云的基础上形成。我们知道,波状云一般形成于逆温层底部,因受逆温层抑制作用影响不能向上发展,如果此时逆温层厚度不太厚,其下面空气又十分不稳定的话,就可能在波状云中间某些释放凝结潜热特别多的地方,空气因受热强烈上升,终于突破逆温层而向上发展,形成一个个突起的小云塔,构成堡状高积云(图 3-21)。

图 3-21 堡状云的形成

②絮状高积云(Ac flo)

云块是孤立分布单块的小团簇,没有底边,边缘破碎不堪。像破棉絮团一样一块块分散分布于天空,常有冰晶下垂。它的形成主要是由于空气处于不稳定状态产生对流而形成的。只是由于形成对流的高度较高,不像淡积云那样显得个体较小。同时,其边缘部分由于周围空气较干燥与周围空气混合蒸发而形成支离破碎的情况,所以看上去像破棉絮一样。

2. **高层云(As)**

高层云是带有条纹且具有纤缕结构或呈均匀外貌的云幕,呈灰白色或淡蓝色。遮盖全部天空或部分天空,有些部分很薄,在很薄的地方朦胧透光,呈毛玻璃形状。一般情况下看不到晕的现象,即使能透光也不能使地物有影。

高层云为范围宽广的密布云层,在云层中常可见波状起伏宽的平行带状条纹,底部常伴有碎雨云,它的厚度一般都很厚。高层云一般生成于 1 500～3 500米高空,主要是由冰晶组成,也伴有过冷却水滴和雪花。一般可分为三个组成部分,上部全部或大部分是冰晶组成,中间是由冰晶、雪花和过冷却水滴组成,下部主要由普通小水滴或与一部分过冷却水滴共同组成。

锋面抬升、暖锋、冷锋都可以形成高层云,特别是暖锋前部高层云往往又厚又低,常为下雨前征兆。地形抬升和辐射冷却也都能形成高层云,但一般不足以产生降水,即使也有可能只是一些小雨过程。对流云在逆温层底下受阻平展开来后,如果高空风强烈也可以吹送而成高层云。此外伪卷云蜕变降低高度后也可以变为高层云。

透光高层云(As tra) 类似厚的卷层云,云体较薄,日、月轮廓朦胧可辨。如隔一层毛玻璃似的,呈灰白色的均匀云幕,云底常可看到明显起伏或波状。

蔽光高层云(As op) 云体较厚呈灰色,厚度极不均匀,厚的部分完全不透光,薄的地方比较明亮,可以看见纤缕结构,隔着云层看不见日、月轮廓与位置。常可发生降水或出现降水不着地的雨幡或雪幡现象。

(三)低云

1. 层积云(Sc)

层积云为灰白色或灰色的成块、成片、成层的云。云块一般较大,在厚薄和形状上有很大差异。云块几乎总带有阴暗部分,除雨幡外没有纤缕结构,个体庞大结构松散。薄的云块可辨日月位置,厚的则可遮住全部日光。有时零星分散,但大多数则成群、成行、成波状沿一个或两个方向整齐排列。有的云轴互相间彼此密接,边缘互相融合布满全天,如大海中波涛一样。云块的视宽度大多大于5°(图3-22)。

图3-22 层积云

层积云形成的高度一般都在 600~2 500 米,由小水滴组成,在极少数情况下可伴有少量冰晶和雪花。因此没有晕的现象,有时可见到华。

形成层积云的形式很多,有锋面原因形成的,如冷锋过境后的冷气团由于温度低,如果有一定水汽,那就很容易达到饱和,在锋后强风的作用下就很容易形成大块大块的层积云。另外,在逆温层底部,水汽易于积聚达到饱和,加上动力或热力作用,使空气混合冷却而达到饱和也可形成层积云。层云、雾在受到热力或动力抬升后也经常变为层积云,对流云受到逆温层的阻碍不得发展而平衍成层积云。总之,形成的方式多种多样,代表的天气也是多种多样。

透光层积云(Sc tra)　为大圆浑状云块组成的云层,云块厚度变化很大,多呈有规则排列,云块较薄呈灰白色。在云很薄时透过云块可辨别日月位置,云块之间可见青天,即使在云块之间没有缝隙时其边缘部分亦比较明亮。

蔽光层积云(Sc op)　阴暗的大云块或大云轴组成的云层,云层之间没有缝隙,云底低而且厚,不能见太阳位置,云底很不均匀,常呈凹凸不平的波状起伏。

积云性层积云(Sc cug)　云块大小不一,呈灰白色或暗灰色的条状,顶部有积云特征。它一般形成于低空有逆温层的情况下,积云发展受阻不能再向上发展,就在逆温层底部平衍开来而形成的,有时是因为对流减弱而使对流云不再发展,顶部平塌后而形成的。

堡状层积云(Sc cast)　由于低空逆温层底部有强烈不稳定气流上升,其中部分气流因突破逆温层阻止作用向上得到发展,因而形成云底为一长条水平方向的云条,顶部有向上拱起的积云性特征很明显的云朵,看上去好像古代城堡一样。

2. 层云(St)

层云低而且均匀,漫无结构呈灰色的云层,像雾一样;但不接触地,具有颇为均匀的云底,隔云日轮清晰可辨。如果温度极低,可能会产生不完全的晕。

层云云底较低,一般只有 50~800 米,它是一种水云,基本上全部由水滴组成。在低温情况下层云可能包括小冰晶,有时也包含雪花。层云一般形成于地面层空气比较潮湿情况下,又有一定扰动作用,在强烈辐射冷却影响下空气温度急剧下降,空气中水汽很快达到饱和而形成云底高度很低的均匀云层,这就是层云。另外,雾被热力作用抬升后也可转化成层云。当暖湿空气沿锋面或坡面上滑时,因空气受到绝热冷却作用,温度降低,使水汽凝结而形成层云。

碎层云(Fs) 一般情况下是层云或雾被抬升后逐渐消散过程中形成的支离破碎的云层(图3-23)。

图3-23 碎层云

3. 雨层云(Ns)

雨层云为灰色的云层,色彩常常很暗,由于连续降雨、雪,因而外形很松散。雨层云云层很厚,足以屏蔽太阳。雨层云底部常伴有碎雨云,有时碎雨云融合成片与雨层云云底重合。

雨层云多半是由高层云加厚、云底降低变化来的,也有可能从蔽光高积云、蔽光层积云蜕变而成的。雨层云云底高度一般不高,只有几百米到一千多米,但它的厚度可达4 000米以上,它是一种混合云体,其上层主要由冰晶、雪花组成,底部主要由水滴组成,还有一些过冷却水滴。雨层云常伴有连续性的降水过程。

4. 积云(Cu)

积云为孤立散处的云,排列没有规则。云厚而密,边缘清楚,轮廓分明,云体间可见蓝天。垂直发展成如馒头、小岗、小丘、高塔状。顶部拱起,有时呈花椰菜形。底部平坦基本上成一条平线,阳光照耀下十分洁白,云底较暗。

积云底部高度一般不高,只在600~2 000米左右,变化很大。垂直高度很厚,发展旺盛的浓积云顶部可达4 000米以上,一般由水滴组成,在温度很低的情况下或发展旺盛的浓积云顶部,都可能伴有过冷却水滴或少量的冰晶。

积云一般产生于空气层结很不稳定的情况下,空气块在热力或动力作用下作上升运动而形成和发展起来。

淡积云(Cu hum)是直展生成的最初阶段,个体小,轮廓清晰,底部平坦,顶部呈圆弧形突起,形状扁平很像馒头,孤零零地一块块分布于空中,云块水平宽度大于垂直厚度。

浓积云(Cu cong)是直展云发展的中间阶段,个体高大如塔、山岗。轮廓清晰,底部平坦较暗,顶部呈圆弧形重叠拱起,垂直发展十分旺盛,顶部常呈花椰菜形,垂直厚度远远超过水平宽度(图3-24)。

图3-24　浓积云

5. 积雨云(Cb)

直展发展到最后阶段,云浓而厚,云体庞大如耸立的高山,垂直范围很大。顶部开始冻结,轮廓模糊,有毛丝般纤维结构,底部十分阴暗,也不平坦,常呈凹凸不平的滚轴状或悬球状,伴有雨幡和碎雨云,而顶部总是平衍开来呈砧状或羽毛状。

　　积雨云云底高度与淡积云、浓积云一样从几百米到一千多米,有时更低。但云厚经常可达 5 000～6 000 米,最厚的可达 10 000 米以上,云顶有时可达对流层顶部,甚至可以挺进到平流层底部,它是由水滴和冰晶共同组成的混合云体,在云体中还常常包括大雨滴、雪花、霰粒、冰粒或雹。大小雨滴往往处于过冷却状态。它是对流云发展到最后阶段,也就是说是浓积云再向上发展而生成的。因此它总是生成于空气层结极不稳定的情况下,从对流而发展起来的。当然,造成对流发展的初始原因很多,有热力的原因和地形关系,这样产生的积雨云多带有局部性质的,多数只能形成地方性的热雷雨或地形雷雨。第二型冷锋在空气层结不稳定的情况下,多数可以发展成积雨云,这种形式发展的积雨云多带有锋面性质,即范围广、时间长。

　　秃积雨云(Cb calv)　浓积云继续向上发展到达冻结层高度,浓积云顶部花椰菜形状开始冻结成模糊状云顶开始发毛。刚开始出现丝缕状冰晶结构,但还尚未向外扩散,仍可见凸出的云顶存在。

　　鬃积雨云(Cb cap)　也称砧状积雨云。云顶已经失去圆顶结构,代之而起的是有显著的卷云结构的平层云砧,前部常有滚轴状云,云底阴暗混乱,有时会因强烈涡旋运动引伸出漏斗状的龙卷云下垂。常伴有雷暴、阵雨、冰雹(图 3-25)。

图 3-25　鬃积雨云

云谚语精解

天上鱼鳞斑，晒得地皮翻

天上鲤鱼斑，明日晒谷不用翻

天上起了老鳞斑，明天晒谷不用翻

今夜斑斑云，明天晒死人

今晚花花云，明日晒死人

瓦块云，晒死人

这些气象谚语所指的云就是我们平常所看到的透光高积云，这种透光高积云明亮洁白，一块块整齐排列在天空，云块与云块之间可见蓝天。云块本身团块清晰，因此看上去块头较大，像鲤鱼鳞片或瓦片一样整齐地排布于蓝天中。

这种高积云一般产生于单一气团内部，中高空有较明显的逆温层，因而低层水汽易于在逆温层底下集中，这时如若在逆温层底部有波动产生，水汽较足，而本身高度又不是很低，在波峰区内空气上升绝热冷却，空气中水汽达到饱和而凝结出水滴形成云，在波谷处由于盛行下沉气流，空气在下沉过程中绝热增温，水滴蒸发，相对湿度变小因而不利于云的生成。这样就形成了一块块排列整齐而有规则的云块，同时又由于有逆温层作用，波峰处上升气流所形成的云不可能在逆温层中得到发展，因而这种云不可能进一步对流发展，只能形成透光高积云。

既然形成这种云是在稳定层之下，由于局部波动、对流、扰动而产生的云，而这种局部波动、对流、扰动又在稳定层的抑制下不可能发展，以后随着波动减弱，稳定层加强，云也就会慢慢地消散。因而它的存在一般是好天气的征兆。

应当注意，在上述情况下发展的透光高积云不可能发展成蔽光高积云。如果我们看到的透光高积云，云块随着时间而逐渐变厚增大，阴影部分也变大，进而连成一片而发展成蔽光高积云，那么就不可能是上述天气形势所造成的，在这种情况下就不可看成是晴好天气的象征，相反很可能是坏天气的前兆。

第三章 云

鱼鳞天，不雨也风颠

鱼鳞天，不过三

云势若鱼鳞，来日风不轻

"鱼鳞天"指的是天上的云细小如鱼鳞，整齐地排列在天上，它是一种高云，亦是我们平常称之为卷积云的那种云。这种云应与上面讲的"鲤鱼斑"有所区别，鲤鱼的鳞片很大，而一般鱼的鳞片却很小，云块的大小是这两种云之间区别的重要标志，气象谚语形象地说明了它们之间的区别。形成"鱼鳞天"与"鲤鱼斑"云的天气形势却迥然不同，预兆的天气也大不相同，前者天气变坏，后者天气晴好。

我们知道，地球上水汽分布一般集中于近地层空气中，这是因为水汽的来源主要是靠江、河、湖、海蒸发作用而把水汽引进空气之中的缘故。而上层空气中的水汽主要靠空气扰动而把低层空气中水汽带入上层空气，很明显上层空气中水汽只能是越来越少，高空中水汽更少，因为一般的空气扰动是不足以把水汽带到很高的空中。没有水汽就不可能生成云，这个道理是很明显的。既然在很高的天空中（6 000～9 000 米）出现密布的卷积云，说明有很强的扰动或抬升作用（不论是本地或远离本地的地方），把空气中的水汽输送到很高的空气层中，这种情况一般产生于离本地有一定距离的地方有一强辐合带（如低压槽或气旋中心）或锋面（如暖锋）的作用。另外，卷积云的生成还说明高空中处于不稳定状况存在着扰动或波状气流，这种不稳定能量也会慢慢地给中层、低层空气以强烈影响，使整层空气都不稳定起来。

这样，随着时间的推移，离本地有一定距离的强辐合带或锋面都会慢慢移来，同时空气层结在上层不稳定层影响下也会变得越来越不稳定，两者共同作用的结果将使天气逐渐转坏，风雨也随之影响本地，"鱼鳞天，不雨也风颠"讲的就是这个意思。

"鱼鳞天，不过三"是说出现鱼鳞天后不出三天，天气就要转坏，从鱼鳞天的出现到天气转坏一般是用不了三天时间的。

"鱼鳞天"是指布满全天（即使不布满全天，也须布满大部分天空）的卷积云，而且一般是有系统侵入的。这不应与局部地区，天空个别部分出现少量卷积云混为一谈，因为少量的而又没有系统性的卷积云只是说明高空中有局部不稳定状况，这种不稳定状况是否会发展波及整层空气尚不很清楚，因而不能把这种情况下的卷积云也看成风雨的前兆。另外，卷云、卷层云消亡之前也可能蜕化为卷积云，这种卷积云很薄而且也正在消散，因而也不能看成是风雨前兆，相反它却是晴好天气的标志。冷锋后部也可能产生卷积云，它也是处于消散阶段。因而出现卷积云是否是象征坏天气的"鱼鳞天"，主要还应当看云的发展情况，要看云的发展全过程，绝不能只看一时一地的情况，就作出武断的判决，否则，在预报上是要摔跤的。

天上扫帚云，三五天内雨淋淋

天上钩钩云，地上雨淋淋

天上有云像羽毛，地上风狂雨暴

马尾云，吹倒船

钩钩云指的是钩卷云，扫帚云、马尾云、羽毛云指的是毛卷云。有系统侵入的钩卷云、毛卷云往往是生于锋面前部或低压槽前部，气旋上空高空气流前方。

在暖锋前部，暖湿空气沿锋面爬升，暖湿空气在上升过程中绝热冷却逐步达到饱和，水汽凝结成小水滴而生成云，开始时暖湿空气湿度大凝结高度低，在低层空气中大部分被凝结成低云，而后空气就逐渐上升，剩余水汽大部分在中空又被凝结成中云。空气再继续爬到高空，这时空气中水汽含量已经很少，但因那里气温很低，空气中水汽还是处于饱和状态而凝结成高云，开始是卷层云，再上去因为水汽太少而不能形成整片而且很厚的云层，只能生成稀薄透亮的毛卷云或钩卷云了。因为这种云是在暖湿空气沿锋面爬升过程中形成，所以云的来向很明显呈从某一方系统侵入的趋势，并不是杂乱无章，毫无规则地零星孤悬于空中某一部分。

低压槽前或气旋区域。由于在这样天气系统区域内辐合气流非常旺盛，造成强辐合带，在辐合区内上升气流很强烈，有时足以把暖湿空气抬举到很高的高度，当抬到冻结层高度以上时，水汽就会冻结成冰晶而形成高云，同时由于高空风很强，可以把水汽沿着高空气流方向吹送到很远的地方形成卷云、钩卷云。

因而在这些气旋或低压槽区前部很远的地方都可以看到毛卷云、钩卷云。因为它的形成也是从一个方向向某一个方向深入，所以我们看起来也就有强烈的系统侵入感觉，云彩辐辏于天空某一点。特别是台风前部更是这样。台风中心区内(不是指台风眼)强辐合气流往往可以把水汽带到很高很高的空中，又顺着上空气流吹向很远地方，有经验的海边渔民因而可以从卷云的来向判断台风将要来临而作好起船回港的准备。

不论是暖锋前部的钩卷云、毛卷云，还是低压槽前或气旋前部形成的毛卷云、钩卷云，都预示着这些新的天气系统将要移来影响本地，当它移来时，刮风下雨是常见的天气现象，因此也都预示着天气有一个转坏过程。"天上钩钩云，地上雨淋淋"、"天上扫帚云，三五天内雨淋淋"、"马尾云，吹倒船"等都说明天气有一个转坏过程，是有一定科学根据的。

是不是所有毛卷云、钩卷云都说明天气必然要转坏呢？其实不然，对任何事物都要具体情况作具体分析，不能一概而论。例如，伪卷云在消失阶段蜕化成毛卷云，不但不能说明天气要转坏，反而说明天气要转好！冷锋后部的卷云也都具有这类性质。因此看到此类云时能结合当时天气形势共同分析，把握性就更大些。

早上朵朵云，下午晒死人

夏日多晴云

疙瘩云，晒得欢

这几条谚语中所指的云都是晴空中的淡积云。为什么淡积云会象征晴天呢？我们还必须从形成淡积云的几种情况说起。

"夏日多晴云"，夏天早晨若天气晴好，地面由于受太阳光照作用，迅速增温，近地面空气也由于受地面增温后长波辐射的影响，温度也迅速增高。近地面空气就膨胀变轻而上升，这就是热力作用而产生的对流。上升气块在上升过程中绝热冷却到一定程度，空气中水汽便会凝结成云，生成淡积云。如果这时空气层结很不稳定，淡积云还可以向上发展成浓积云、积雨云。但是如果空气层结很稳定，淡积云就无法向上发展，这样就形成了一块块孤独发散的淡积云，漫无秩序地飘浮于空中形成天上朵朵云的景象,而淡积云是肯定不会下雨的,因而天气也就自然而然地为晴好天气。

淡积云的另一个成因是可以由雾在消散过程中抬升而形成的。我们前面讲过有雾的天气一般是好天气象征,那么由这样的天气形势而产生的淡积云也自然是好天气的征兆了。

如果早晨我们看到淡积云,而随着太阳升高,淡积云很快发展成为浓积云,那么情况与上面所讲的就不一样,就不一定能够成为好天气的标志了。

早上浮云走,晚上晒死狗

早上浮云走,晌午晒得欢

晚上,当天空晴朗万里无云时,强烈的地面辐射冷却经常影响到近地层空气,引起其强烈辐射冷却,当低层空气中水汽比较充沛时,由于冷却作用,地面或近地层空气经常生成雾或层云。早晨,太阳从东方逐渐升起,阳光把地面烘热,也使近地层空气温度逐渐上升,于是原来形成的雾滴、云滴的小水滴又重新被蒸发而成水汽。雾、层云就慢慢地被抬升而变成碎层云,这种碎层云由于高度低,看上去移动就显得比较快,造成早上"浮云走"的情景。这种碎层云由于是雾或层云抬升过程中变成的,因而随着太阳高度角的升高,气温进一步增暖,雾滴、云滴也进一步消散,碎层云也就消散了。

由于形成这种现象的天气系统一般是在高压区内单一气团控制下的天气,所以一般说来总是晴好的。

楼梯云,晒破砖

楼梯云,晒破沟

楼梯云指的是滚轴状的层积云或高积云。这种云的形成主要是空气中一定高度上存在稳定的逆温层,而在逆温层底部的冷空气内水汽易于集中经常处于近饱和状态。这时,如果逆温层底部存在波动气流的话,波峰处由于空气抬升,绝热冷却水汽凝结成云;波谷处绝热下沉增温,水汽蒸发不易生成云。于是就生成楼梯一样的一层云隔着一道蓝天,一层云隔着一道蓝天向远处伸展开来。这种云由于上面有逆温层存在,因而不可能再向上发展,所以一般情况下不会下雨,而波动气流一旦消失,云就可能趋于消散,所以有"楼梯云,晒破砖,晒破沟"之说。

云做被,夜不寒

大家很可能都有这样的感觉,晚上如果天上布满云,那么气温就下降不了许多,因而也就显得暖和些。相反,晚上如果晴天无云,气温就下降很快,在初春晚秋甚至有霜出现。这又是为什么呢?按理说,晚上天空阴云密布应当更冷些才对吧!其实不然,"云做被"一语道破内中的奥妙所在。晚上天空密布的云层所起的作用就像被子的作用一样。

被子盖在身上会觉得暖和,这是人们生活中的一般常识。被子盖在身上为什么会暖和呢?盖上被子觉得暖和的主要原因是被子使人体上的热量不易散失所致。由于人身体上热量不易散失,才使人觉得暖和些。

我们知道,空气的大部分热量是来自地面长波辐射来增暖自己的,地面的热量又来自太阳的光照。晚上太阳下山,地面上得不到太阳光照,但自身又不断地通过辐射散热,因而温度不断下降。如果晚上天空晴朗无云,地面以长波形式向太空辐射,散失热量就会毫无阻挡地进行,因而晴朗无云的夜晚会感到冷些。如果晚上天空密布云层,像棉被一样盖住大地,情况就大不相同了。晚上地面辐射的热量由于云层的阻挡会反射回空气层,这样就增加了气温,气温增加的结果又给地面以影响,使它降温变慢些。在这种情况下,由于辐射反射只在地面与云层中间进行,热量很少散失,因而气温就不易下降,所以在有云的夜晚就不会很冷。

一朵乌云在天顶,再大风雨也不惊

一朵乌云冲上天,必有狂风吹人烟

这两条谚语合在一起意思是,一朵乌云冲上天必然会刮风下雨,但是这种风雨很快就会过去,因而用不着担心害怕。

这是一种在单一气团内部的热雷雨天气情形。

白天由于地面受太阳光照作用,地面温度急剧上升,引起近地层空气首先被烘热,气温也升高,气体膨胀变轻开始上升形成对流。对流发展到凝结高度以上时便有淡积云生成。随着太阳越升越高,近地层空气温度也越升越高,热力对流也越来越旺盛,淡积云就发展成浓积云,再向上发展达到冻结层高度以上便生成积雨云,这就是气象谚语中指出的"一块乌云冲上天"或"一块乌云在天顶"的情形。发展到积雨云以后由于里面上升气流非常旺盛,云滴大量合并成雨滴,当它移来时就会造成强烈的刮风下雨天气,这样就造成了地方性热雷雨。由于这种积雨云范围有限,一般不会很大,很快就会移走,另一方面由于刮风下雨,积雨云中积聚的能量被大量消耗后,积雨云也失去了再发展的能力而归于消散。于是,天气就开始变好,所以不必吃惊。

花菜云,晒死人
担云翁,起大风

淡积云发展到浓积云由于上升气流较强,且有多股分支,因而顶部像花菜一样,有时看上去又像个老头子似的,因而称"花菜云"、"担云翁"。

淡积云发展到浓积云,如果不再继续向上发展,一旦到了傍晚空气趋于稳定,对流减弱,浓积云也就会慢慢地消退、消亡,因而浓积云一般不会造成下雨,最多引起局部性大风天气。这种情况一般是发生在单一气团控制下的天气状况,空气层结不十分稳定,但又不是很不稳定,对流可以发展甚至可以发展到浓积云程度,但是不可能再继续发展下去成为积雨云。因而天气总是晴好,"晒死人"就是晴好之意。

乌云脱云脚,明日晒断腰

这也是晴好天气下,白天由于热力作用产生对流,上升气块就发展成淡积云、浓积云、积雨云,到傍晚太阳逐渐西沉,热力影响失去赖以生存的条件——太阳光照,因而热力作用渐趋消失,对流作用也渐趋停止。对流一旦停止,上升气流来源也就停止,于是淡积云、积雨云不但不能继续发展,而且连维持生存也已经开始困难了,首先它从底部先开始消散,积雨云顶部也就脱离母体形成"乌云脱云脚"的情况。因为产生这种乌云是地方性热力影响所致,不是系统天气影响所致,因而第二天仍然可预兆为晴好天气。

棉花云，雨快临

朝有棉花云，下午雷雨鸣

棉花云指的是夏天晴空中出现一团团、一簇簇像破棉花絮一样的云朵飘散在天空，大小不一，高低不匀。这也就是我们所说的絮状高积云（如果高度低的话，也可以是絮状层积云）。

絮状高积云一般生成于 3 000～5 000 米高空，它的生成环境是空气中有强烈的不稳定的扰动对流产生，同时中空要有一定水汽。实际上它是中空的一种对流云，由于高度高我们看上去个体小些，也由于周围环境比较干燥，云的边缘部分被蒸发因而显得破碎一点。这种云的存在说明整个空气层很不稳定。白天在太阳光照射下，热力作用加强，对流产生。在空气层结本身不稳定的情况下，一旦有对流产生，这种对流在不稳定的空气层结作用和影响下会很快发展成浓积云、积雨云，跟着雷鸣电闪下起雷阵雨来。气象谚语"朝有棉絮云，下午雷雨鸣"是很有科学根据的。絮状高积云（包括絮状层积云）是一种指示性的云，观测时应特别注意。

爬山出日头，中午大阵头

早晨太阳没出来时，空气稳定度一般来说应是一天中最好时刻，也就是说一般情况下比较稳定，因而不会有象征对流性的淡积云、浓积云存在。如果早上一旦有淡积云、浓积云存在，说明空气中层结已十分不稳定，存在上升气流或本地处于低压槽前辐合区内。"爬山出日头"指的就是这种情况，由于早上有浓积云存在，浓积云很像大山一样，太阳要升到浓积云顶部后才会透射出阳光，形成了"爬山出日头"。随着太阳的升高，光照加强，热力作用进一步促使空气中不稳定状况进一步发展，上升气流更加旺盛，对流也更加旺盛，原来就已经是浓积云的随着对流加强发展就会很快发展为积雨云。到中午前后，积雨云已发展到十分旺盛阶段，便会产生雷阵雨天气。

云下山顶有雨，云上高山晴天

云低变高天气好

云由低变高一般有三种情况：一种是地方性对流云，积雨云由于对流减弱上部砧状部分脱离母体逐渐抬高消失,那是肯定无疑的好天气。另一种是早上有雾,日出后雾抬升变为层云、碎层云最后归于消散也是好天气。第三种就是原来由于天气系统影响,云由高变低,随着天气系统远离本地云层也由低变高,最后消散,因而也是好天气象征。总之,不论那种情况,云的抬升过程是趋于消散的一种过程,下雨又紧密地跟云联系在一起,云在消散因而不会造成降水。所以,云的抬高总是象征一种好天气。

但是,如果在锋面附近锋区中有时由于云的厚薄不均,当厚的云移去,薄的云移来,看去亦似云在抬高,甚至会暂时出现蓝天,这种情况只是暂时的,不能看做云在抬高消失。

有雨山戴帽,无雨山没腰

有雨山戴帽,快晴帽抬高

云盖住山顶称为"山戴帽",云层没住山腰可见山顶称为"云拦腰",好似"山没腰"。

阴雨快来临时,由于云层灰暗且低,往往压住山头形成"山戴帽",因此它是阴雨快来的前兆。但是如果山戴帽后云层不再下降变低,有可能不会下雨,特别是当阴雨过后云层逐渐抬高形成离开山顶之势,就是所谓"帽抬高",它不预示阴雨来临,反而预兆天气转好。

"云拦腰"多半是由于夜间辐射冷却而形成的地方性层云之类的低云在半山腰,很可能就是雾。所以,"云拦腰"一般是好天气象征。

云彩南北溜,不是明就是后

云绞云,雨淋淋

云绞云,雷雨鸣

乱云交天顶,风雨定不少

乱绞云,淋煞人

"云绞云"指的是天空中有两层或两层以上的云各自往不同方向移动,云层相交。

天空中出现"云绞云"情况,一则说明云层多、云层厚,说明空气中有大量水汽促使云的发展;二则说明空气中气流非常混乱,不是盛行单一气流,前面讲过不同方向的气流容易产生扰动;三则说明空气非常不稳定,扰动性强。这种天气一般出现在气旋前部或冷暖空气变化面上即锋面上。这两种情况都预示着天气系统比较复杂,一般都会造成大范围阴雨天气过程,在气旋前部或锋区附近还经常生成积雨云,造成雷鸣电闪的雷阵雨天气,同时伴有较大风力。因此气象谚语说"乱云交天顶,风雨定不少"、"云绞云,雷雨鸣"。

急云易晴,慢雨不开

云随风急,风雨瞬时息

夏天,人们经常碰到黑沉沉的乌云像排山一样压来,倾刻间狂风暴雨,电闪雷鸣,一会儿雨过天晴,彩虹飞挂,又是一个晴朗天空。这就是气象谚语所说的"云随风急,风雨瞬时息"和"急云易晴"的现象。造成这样天气的一般都是地方性热雷雨,因为这种积雨云范围不大,会很快移过本地或者通过狂风暴雨、雷鸣电闪,能量消耗殆尽,云便趋于消散,因此很快出现雨过天晴的情形。这种雨来势猛,下得急,消得也快,这是一种带局部性的小范围天气现象。另一种是第二型冷锋前的雷阵雨天气。由于第二型冷锋前进速度快,迫使前面暖空气作垂直上升运动发展而成积雨云。这种积雨云长度可遍及整条锋线附近,但宽度不宽,而且冷锋又前进很快,所以也是一扫而过,即转入冷锋后部高压控制,天气转好。

"慢雨不开"指的是另一种情况,雨来势不猛也不大,但持续时间很久,有时一下就是几天。它多数是形成于锋面附近。在锋面附近范围宽广的两个性质不同的气团相交汇,交汇区范围也很广、很宽。暖气团沿着冷气团斜面爬升,造成范围又大厚度又厚的云层,由于上升气团是被整层抬升,所以多数情况下形成层状云。因而下起雨来,阵性不是很强,多数是间歇性或连续性的雨。由于范围大,因而下起雨来时间就比较长,要等整个系统移过,锋区移走,天气才会转好。有时因两大气团势均力敌,互不退让而造成静止锋天气,锋面停止在一个地方徘徊不定,下雨时间就会更长了。

早看东无云,明日见光明,暮看西边晴,来日定光明

早上天无云，日出全光明

暮看西边无穷，明日定晴明

早晨，天上没有云彩，可见本地不是处于低压区或低压槽内，因为如果处于低压区或低压槽内必然盛行上升气流，即使晚上也会生成云。相反它说明本地却可能处于高压区内，高压区内盛行下沉气流，晚上热力影响消失，空气便趋于稳定，因而晚上一般无云生成，早上起来就看不到云。在高压区控制下的天气一般总是好天气，即使白天热力影响加强，最多也只能发展成淡积云、浓积云之类的云，也不会降水。再退一步说，如果发展成积雨云，也是属地方性热雷雨，下雨时间也很短，也会雨过天晴。因此说"早上天无云，日出全光明"。晚上，如果西边天空没有云，由于我国大多数地方地处中纬度地带，上空盛行偏西气流，西边天气系统随着时间推移会慢慢地移来影响本地，西边天空无云，说明西边天气晴好，当它移来时，本地也可望是个晴好天气。"暮看西边无穷，明日定晴明"就是这个意思。

云彩出了朵，下雨无处躲

夏天，我们经常可以看到起先天上先出现馒头一样的云块，而后馒头一样的云块顶部不断往上冒，而且越冒越高，水平宽度也增大，但是垂直高度发展比水平方向来得快，往上冒的结果，圆拱顶部消失，变成了花椰菜似的凹凸不平的顶部就成了浓积云，再以后花椰菜形凹凸不平顶部开始变成模糊以至最后消失，代之而起的却是铁砧、马尾似的顶部，这就是"云彩出了朵"。其实，"云彩出了朵"就是指淡积云向浓积云、积雨云的转化过程。积雨云下面一般是会产生刮风下雨的天气，所以说"云彩出了朵，下雨无处躲"。当然不能说所有积雨云都一定下雨，只不过是说刮风下雨可能性大些，也有积雨云干打雷、不下雨，就自行消散了。

起云下雨收云晴

一般情况下，云和雨是连在一起的。天上如果没有下雨的云存在，就不可能产生下雨这种天气现象（晴空下雨下雪也是因别地下雨随风飘来，这另当别论）。起云而且云彩越来越多，当然是一种下雨征兆。而云彩一旦消散，雨就会停止转为好天气。"收云晴"正是这个道理。

　　太阳见一见，三日不见面

　　天亮午，晴不久

　　连绵不断的阴雨天气，有时在中午时光也会有短暂天晴的情况，紧接着又是阴雨天气，这就是"天亮午，晴不久"所指的天气状况。

　　春秋季节长江流域由于冷暖空气势力相当，经常成为冷暖空气交汇地带即静止锋。造成长时间连绵不断的阴雨天气，在静止锋北缘地区，暖气团在白天受到太阳辐射增温影响，势力加强，迫使锋面略微北抬，于是构成短暂的晴好天气。到了午后，太阳下山，辐射增温消失，暖空气失去赖以加强的热力影响，于是又恢复到原来情形，冷空气又向南移动，静止锋南压到原来地方，于是短暂的晴好天气又告消失，天气又将转坏，继续其原来的阴雨天气。

　　清明起海云，风雨霎时辰

　　天上起了炮台云，不过三日雨淋淋

　　天上城堡云，地上雷雨临

　　这些气象谚语中所说的海云、炮台云、城堡云，指的都是堡状云。堡状云具有平坦的底部，水平宽度较宽，顶部有一至数处向上隆起形成像城堡、炮台似的，又像海上翻滚的浪花一样，因而称为海云、炮台云、城堡云。

　　堡状云的形成环境是原先空中一定高度上存在有一逆温层，逆温层底部因水汽不能突破逆温层向上发展，只好生成层状云。这时如果逆温层底部扰动、对流加强，层状云便会向上拱起产生对流，在扰动对流特别强的局部地区，上升气流突破逆温层阻挡作用向上发展成积状云，这样就形成了堡状云。堡状云的生成说明当时空气中不稳定因素在增长，在中低空有对流扰动产生，有些地方而且很强。另外也说明中低空中虽有逆温层存在，但此逆温层不厚，力量较弱，对于稍强的对流扰动就无法起到抑制作用。清晨空气层一般说来都比较稳定，不易产生此云，一旦生成此种云，一到白天随着阳光照射，热力作用增强，原先不稳定因素更加增强其扰动对流势力，而原先微弱的逆温层也很快受到破坏。这两种共同作用的结果，使对流云有可能发展形成积雨云，造成雷雨天气。所以,出现堡状云一般预示将有雷雨天气。

乌云接日头,半夜雨不愁

黑云接得低,有雨在夜里;黑云接得高,有雨在明朝

乌云吞落日,雨落不会歇

乌云接日半夜雨,乌云接月一日晴

乌云接日雨即淅沥,云下日光晴朗无妨

黑云接太阳,下雨在今晚

乌云接驾,大雨连下

乌云接太阳,猛雨二三场

春夏季节,傍晚太阳快落山时,天边有耸立如山、形为巨塔的云彩,太阳落进乌云之中,人们称此为"乌云接日"或"乌云接驾"。这种云一般都是浓积云或积雨云。

傍晚时,热力对流作用开始减弱,因而在不稳定天气情况下,由热力对流引起的浓积云、积雨云正在逐渐消退,积雨云顶部一般也都开始逐渐脱离母体,不会形成连片乌云接日现象。另一种情况是,在傍晚时空气也都渐趋稳定,不是系统影响的话,风力也都逐渐减小,这样由地形影响而生成的浓积云、积雨云也都要归于消散,所以也不会构成连片乌云接日现象。

乌云接日现象所指的是西边天空连片乌云,看上去与地平线连在一起,这种云一般都形成于低压系统或锋面云系。在低压系统之中,由于辐合气流作用所以盛行上升气流,可以生成浓厚的乌云。在锋面作用下,暖湿气团沿锋面爬升更可以形成又厚又宽又大的云层。这两种天气系统所造成的天气都是阴雨天气。低压系统的移动一般受高空气流影响,我国上空大部分地区盛行西风环流,大型天气系统总是由西向东移动的,西面的低压系统就会逐渐移来影响本地。至于锋面因为它是一种大范围的天气系统,既然已经能够看到锋面云系的存在,而且又不是已经移过本地后才看到的,一般也要移来影响本地的,因而说"乌云吞落日"一般是坏天气的预兆。

"乌云吞落日"应当把单块的、正处于消散阶段的乌云排除在外。同时,如

果乌云没有根也应该排除在外。没有根的乌云,无法再发展,等待它的只是消散,不可能造成刮风下雨的坏天气。"云下日光,晴朗无妨"指的就是这种现象,日光从乌云底部透射出来,这种现象一般总是指示未来仍是晴好天气。

火烧乌云盖,大雨快来到

红云变红云,必定大雨淋

夏季傍晚时,当浓积云发展到积雨云后,其顶部呈砧状,高度大都在 5 000～6 000米以上,由冰晶构成。白天云顶部呈白色有丝缕结构,到傍晚太阳斜照在顶部,由于其顶部冰晶散射掉大部分波长较短的光线,剩下波长较长的红光,因其穿透力最强才能为我们所见。因此,看上去积雨云顶部发红,而积雨云底部由于云层较厚光线透射不了,因而显得特别黝黑,这就是气象谚语所说的"火烧乌云盖"。

"红云变红云"指的是积雨云顶部移近本地,在夕阳斜晖照射下发出红色的光彩,其前部云层较薄不是很红,后面当砧状中部移近时颜色就会变得更红。

这两种情况都说明已近傍晚,积雨云尚在发展,那就不是地形原因与热力影响所形成的积雨云了,一般说来都属于低压系统内所生成的积雨云。这种积雨云即使到了晚上也不会消散减弱。以后随着系统移来,积雨云也跟着移来,所以说"大雨快来到"。

如果我们所看到的乌云底部已经不是与地平线连成一片,而是孤悬空中,即使顶部发红一般也不会造成下雨。因为此时乌云已不处于发展阶段而是处于消散阶段了。它是一种地方性质形成的积雨云,太阳落山后总归会趋于消散的。

出关公眉,现赤云舌

天上豆荚云,地上晒煞人

豆荚云,无风无雨得几晨

豆荚云、关公眉指的均是荚状高积云,因其形似豆类,又像眉毛,因而人们称之为豆荚云、关公眉。

在高压区控制下的系统盛行下沉气流,白天由于热力作用影响,下沉气流不很旺盛,反而局部扰动,热力对流却比较旺盛,经常生成馒头状的淡积云,甚至可以发展为浓积云、积雨云。到了下午,太阳逐渐下山,热力对流逐渐减弱,高压区内原来所固有的下沉气流又开始发生作用,于是在局部地方弱的上升气流与下沉气流交汇生成荚状云。到太阳完全落山后,热力作用消失,上升气流也归于消失,下沉气流又占主导地位,天气当然仍是晴好。因此气象谚语说"豆荚云,无风无雨得几晨"、"天上豆荚云,地上晒煞人",均是指高压系统控制下的天气可以维持好几天晴好天气。

如果说在出现豆荚云之后跟随它后部立即有高层云移来,这时的荚状云就不是上面所说的原因形成的了,而是在锋面附近冷暖气团交汇情况下形成的,因而将预示着天气即将转坏,而不能看成好天气的象征了。

天空灰布悬,雨丝定连绵

满天一色云,遍地雨淋淋

"天空灰布悬"和"满天一色云"指的都是雨层云。雨层云是一种均匀的云幕,颜色呈灰黑色或白色,满天云的色彩基本一样,因而称之为一色云。另外,雨层云底部经常伴有碎雨云,碎雨云也是呈灰暗色的,像灰布悬挂于天空一样。雨层云本身云体也可看成灰布一样铺盖天上。

雨层云一般形成于冷暖空气交汇的锋面地方。在冷暖空气交汇地方,暖湿空气沿冷空气斜面爬升冷却形成云层。云层范围大,厚度很厚,可达很高的高空之中。雨层云中水汽、水滴都很充沛,因此下起雨来就会显得连绵不断,没完没了。要等范围广大的云层移过之后,天气才可能转好,因而要有较长的一段时间,这样下雨也会持续很长一段时间。

东明西暗,等不到吃饭

"东明西暗"指的是东边云层比较明净洁白,而西边的云彩颜色却很灰暗。这一般是积雨云快要移来的现象。积雨云顶部很高,构成积雨云顶部大部分是冰晶,冰晶反射太阳光强,顶部云层较底部来说也显得薄些,因此透光度相对会好些,显得白些。而积雨云中部、底部大部分是由水滴组成,云体很厚,太阳光线往往无法透过,因而云体就显得灰暗些。由于高空多是偏西气流,因而积雨

第三章 云

云一般也是由西向东移动,当它从前部顶部移来时,就显得明亮一些,一般不会下雨,这时西边暗黑部分积雨云的主体随之也要很快移来,积雨云主体移来时,就会产生激烈的刮风下雨天气。"等不到吃饭"即等不了很长时间就会刮风下雨。

乌头风,白头雨

夏天,天上经常有像花椰菜似的云体,顶部向上拱起开花而显得灰暗,这就是谚语中所指的"乌头",气象学上称为浓积云。构成浓积云的组成部分主要是些小水滴,这种云一般离地面不高,云里的小水滴还不具备下雨条件,一般不会下雨。而当它移来时,由于浓积云底部有较旺盛的上升气流,周围空气要流来补充,所以会引起大风,"乌头风"就是这种意思。

当浓积云继续发展,其顶部到达冻结层高度以上时,空气中水汽就凝华成冰晶,原来花椰菜形头部开始模糊逐渐变为砧状,形成积雨云。积雨云顶部是由冰晶构成的,冰晶会反射阳光。另外,积雨云越往上越薄,其顶部比中部底部要薄好多,透光性也好,因而积雨云顶部在阳光照射下总是显得发白,人们称之为"白头"。积雨云中的小水滴会急剧增大变成雨滴降落下来,所以积云从乌头变为白头就会产生降水现象。

久雨见星光,明朝雨更狂

明星照烂地,天亮依旧雨

明星照湿地,下雨不歇气

在连阴雨的天气里,晚上有时会云层展开,露出蓝天看见星星,这到底是天气转好的象征还是继续下雨的预兆呢?气象谚语告诉我们见星光只是暂时现象,雨仍然是要下的。这究竟是为什么呢?春秋季节,连阴雨天气多数是静止锋造成的。一方面,静止锋上的云层不是完全一样的厚薄均匀的,是有时厚有时薄,有的地方厚有的地方薄。云层厚水汽充沛移来时会下雨,等到薄的云移来时,可能雨就会稍歇一会儿。连阴雨天气雨总是下下停停,也正是这个原因。晚上当薄薄云层移来时,透过云层也有可能会看见星光,因此不能说它就意味着天气要好转。另一方面,在久雨的天气里,空气非常潮湿也很不稳定。晚上地面开始散热,尽管天上有厚厚的云层盖住,妨碍辐射冷却的正常进行,起着一定的保暖作用。但是近地层空气还是要降温变冷的,只不过比晴朗无云的时候变冷得慢一些,温度也下降不了许多。这时候(云层以下)情况正好相反,它由于得到地面辐射上来热量的补充,温度下降很慢,甚至不下降,于是空气就变得上暖下冷,头轻脚重,空气就渐趋稳定,出现了暂时的稳定现象。紧挨地面的空气就不再继续上升给上层云里补充水汽,供其蒸发消耗发展之用。这样在云层较薄的地方就可能出现破绽,露出青天,看见星光造成暂时好天气。但是这只不过是夜里暂时现象,第二天太阳出来地面继续增温,空气又变得上凉下暖,头重脚轻空气又重新归于不稳定,低层空气又开始上升补充云里水汽,原来空气就很潮湿,云里水汽含量本来就比较多,再一补充,给继续下雨又造成一个良好条件,连阴雨就有可能继续下去,所以说,"明星照湿地,下雨不歇气"基本上还是可信的。

具体情况具体分析,如果说晚上确实因锋面移过本地,云层开始变薄抬高消散而出现星光,那就与上述情况大不一样,可能就是晴天的征兆了。

行云逆风天易变

"行云逆风天易变"说的是如果云的移动方向正好与地面风吹的方向相反,天气就将变坏。

云因其离地面有段距离,它的移动方向是受云所在高度上风(即气流)的方向所支配。如果云移动方向与地面风向正好相反,说明高空风与地面风风向正好相反,有一风向切变存在。这种情况一般发生于两种气团交汇地方,两种气团互相都要向对方所在方向移去,于是产生暖湿空气在干冷空气上面向冷空气所在方向移升,而且冷空气却像楔子一样在暖湿空气下方向暖湿空气所在方向移动。因此上层的暖湿空气与下层的干冷空气移动方向正好相反,风也正好相反。所以看到"行云逆风"时,可以想象锋面离本地已经不会很远,随着锋面移来,天气当然也要有一个转坏过程。

乌云挡坝,来朝雨下
黑猪过河,大雨滂沱

乌云串天河，洪水穿田过

黑云在骑马，雨点滴穿沙

这些谚语中所说的黑猪、乌云、黑云骑马都是指雨层云底部的碎雨云。雨层云底部支离破碎的一块块碎雨云是一种移动很快的云，而且漫天飘浮，在乌云中横穿天河，这就是气象谚语中所说的"黑猪过河"、"乌云串天河"、"乌云挡坝"的意思，在白天看上去因其移动快亦似"黑云骑马"。

雨层云是一种宽广、深厚的云幕，也是最能下大雨的一种云。在雨层云中，水汽水滴都很充沛，当它下面出现碎雨云时，说明在雨层中已经有雨滴开始降落。这些雨滴在降落过程中，被蒸发成水汽后上升到雨层云底部重新凝结成支离破碎的碎雨云。这些碎雨云有时可以连成黑糊糊的一片，与雨层云底部混在一起，因此在雨层云底部出现碎雨云之后，马上就有可能下起大雨。

看到"黑猪过河"等现象，说明离本地不远的地方有雨层云存在，而且高空气流是向本地吹来，那么这个雨层云在高空气流引导下势必也会慢慢地移来，使本地产生降水现象。

由于雨层云范围大，厚度深，所以降水量也较大。"洪水穿田过"、"雨点滴穿沙"正是形象地说明了这个特征。

早阴阴，午阴晴，半夜阴天不过明

大气的稳定度就其日变化来说，早晨，太阳出来前应当是一天中稳定度最大的时刻，因此早上一般不容易生成云而造成阴天。如果早上起来看到满天云层密布，天气阴暗，那么说明低气压系统已经移来，并且控制本地。在低气压内，由于辐合作用盛行上升气流，空气上升的结果造成强烈绝热冷却而生成大范围的云层。这种作用不论白天晚上都照样进行。白天由于空气层不稳定更容易造成对流上升而生成云，所以说早上阴天还要一直阴下去，天气一时不会好转。如果早上天气是好的，天空无云，中午变成阴天那是由于白天热力作用而产生对流生成淡积云后发展为浓积云、积雨云，一时铺天盖地甚至下雨刮风，但是这些现象都是局部的、暂时的，而且范围很小、时间很短。积雨云要么很快消散，要么很快移走，天气仍然晴好。到了傍晚，太阳下山热力作用消失空气又重新趋于稳定，对流云更无法发展，最后只好消散。因此说"午阴晴"。"半夜阴天不过明"与"早阴阴"原理相同，也就是说半夜里阴天，不到早上就要下雨。

云行东，车马通；云行西，雨凄凄；云行南，水连天；云行北，好晒谷

云朝东，一场空；云朝南，水满塘；云朝西，披蓑衣；云朝北，黑一黑

云跑东，一场空；云跑南，雨成团；云跑西，披蓑衣；云跑北，雨没得

云往东，一阵风；云往南，水连天；云往西，披蓑衣；云往北，一阵黑

云彩南，水涟涟；云彩北，干研墨

云彩往东越走越空，云彩往西骑马披蓑衣，云彩往南撇到水塘，云彩往北越走越黑

云行西，马溅泥

北云吹南大水成潭，南云吹北没水磨墨

南云撑到北，无水来磨墨，东云撑到西，平地打成溪；北云撑到南，平地冲成潭；西云撑到东，太阳红彤彤

云向南，落满坛；云向北，有雨落不得；云向东，红彤彤；云向西，雨凄凄

这些谚语含意大致相同。当云向南、向西移动时，天气会变坏下雨；而当云向东向北移动时天气将转好，不会下雨。

这主要是指低压系统中低云云系移动方向。我们知道，在低压系统中风是沿反时针方向吹的。对于我国大型天气系统来说大多是从西向东移动的（受高空西风环流引导）。低压系统也是如此，因而在低压系统前部吹西风或南风，在低压系统的后部吹东风或北风。而云的移向其实就是同层气流移动的方向，即与云同高层次风向。这样在低压系统前部吹西风或南风，云的移向自然是向东或向北。当我们看到云向东或向北时，说明已处于低压系统前部，与别的天气系统交界面已经移过，天气将逐渐转为本系统内部。这时，天气就逐渐转为单一气团控制的天气。它比起锋面天气自然要好上许多。地面低压区内由于上升气流作用云彩会多些，但是要产生大范围大雨天气尚不可能（台风除外），特别当云行东时，盛行的是西风，西风是由大陆吹来水汽很少，即使上升由于水汽

太少也很难凝结成云,所以说"云向东,太阳红彤彤"。云行北,吹的是南风,水汽就比较多,可以产生较多的云彩。因此有"云朝北,黑一黑"之说。

总之,在单一气团内部天气总是相对说来会好些。当我们看到"云往西"与"云往南"现象,就说明本地已经处于低压系统后部,低压即将移走,新的天气系统即将移来,在这新旧系统交替时刻即锋面区域内,那是要发生大范围的降水天气的。特别是"云行西"说明上空盛行东风,风从东面吹来。我国东面是浩翰无垠的太平洋,因此可以带来充沛的水汽为降水准备好条件。可见"云行西"、"云行南"是要下雨的。

天上倒踩云,天下驶倒船

天上云像梨,地上雨淋泥

悬球云,雷雨不停

在夏季,有时黑压压的乌云铺天盖地压过来,在乌云底部像滚开了水似的出现倒挂的梨子似的云层,这就是气象谚语中所说的"悬球云",云像梨或"倒踩云"。这种云大多生成于积雨云底部。积雨云中既有非常强烈的上升气流,因为没有强烈的上升气流就不足以维持积雨云生存与发展。但同时也存在着下沉气流,下沉气流也是跟随积雨云发展而同时发展起来的。形成下沉气流其中原因之一是上升气流上升到一定高度后,一部分随同高空风一起变成水平风向,另一部分则转变为下沉气流,还有一个原因就是积雨云中有大量降水发生,大量下降的雨滴、冰粒会连同它周围空气一起往下携带,形成下沉气流,同时它也将高空风往下携带也形成下沉气流。在上升气流和下沉气流共同作用下,原来平坦的积云底部,到积雨云时再也不平坦了,而是像翻滚的海洋浪涛一样,形成一个个倒悬梨子似的云层。所以看到"倒踩云"、"悬球云"等,可以知道积雨云底部已经移来,立即就将有打雷下雨天气发生。

云布满山底,连宵雨乱飞

云布满山底指的是雨层云底部的碎雨云、碎层云。雨层云底高度本来就不高只有几百米至1 000多米,其底部的碎雨云、碎层云是因为雨层云中降水在未到达地面时被蒸发,水汽在云底部重新被凝结而生成的,因此它的云底更低,在山区大多数只好在半山腰飘浮移动。

雨层云多数是生成于暖锋前部,它是由于暖湿空气沿冷空气斜面爬升后水汽凝结而生成的,因此具有范围广、厚度厚、水汽充沛这些特点,它是一种最能下大雨、下久雨的云,而暖锋一般移动又很慢,因而阴雨时间也就更长一些。云布满山底,连宵雨乱飞就是这个意思。

日落云连天,必有大雨来

日落云里来,风雨在夜半

日落乌云遮半,风雨在夜半

日暮乌云接,风雨不可说

这几条谚语与"乌云接日"一样,说明西边有系统性阴雨天气将会移来影响本地造成阴雨天气。详见前文解释。

傍晚起云夜半开,夜半不开风雨来

黄昏起云半夜开,半夜起云雨就来

这是说如果傍晚时候起云,半夜前云就消散,那么依然是好天气,如果到了半夜云还没有消散,那就有可能转化为阴雨天气。

傍晚时候空气逐渐趋于稳定,按理说云应该消散。如果傍晚起云,一般说来是由于系统天气影响所造成的。由系统所造成的云,夜里仍会发展而不会消散,随着系统移来天气要转为阴雨天气。但是傍晚起云也不能排除这种云是别处正处于消散阶段的云随着高空风移来的可能性。如果是这样,那么随着夜间空气越来越稳定,这种云半夜前肯定要消散的。傍晚起云夜半开,夜半不开风雨来正是从这个角度来考虑整个天气情况,因此还是比较全面的。

黄昏上云半夜消,黄昏云消半夜浇

这个谚语在初春、初秋时候(农历二、八月)较为适用,因为此时低气压移动较为频繁,来去较快,给局部天气带来时晴时雨变化多端的天气状况,"黄昏上云半夜消,黄昏云消半夜浇"正深刻地反映了这个多变的天气情况。

第三章 云

云谚语集锦

低云不走，大雨临头

浮云打转有大风

云碰云，雨淋淋

云向上，大水涨

云彩对风行，天气莫望晴

云彩打转转，要下冰蛋蛋

云乱跑，下雨小不了

行行云，雨将临云乱跑，下雨小不了

云回头，情不留；云打架，冰雹下

浮云无雨空望天，黑云到脚雨连天

天上云成条，地上大风到

马尾云过顶，风雨不会少

天上骆驼云（指堡状云），雹子要临门

上天同云，雨雪纷纷

黄云翻，冰雹天

白云现黑心，必有大雨临

云彩起黄钩，定要刮大风

云起锅巴色，雨水一定得

黑云黄帽子，常常下雹子

黑云是风头，白云是雨兆

黑云片片起，狂风就要生

不怕云黑，就怕云红，最怕黄云底下长白虫

早看天无云，日出见光明；暮看西边晴，来日定光明

日出红云暗，东风雨即见

日出紫云生，午后雷雨鸣

日落乌云涨，夜晚听雨响

日落云满山，定是有雨天；红云变黑云，定是大雨淋

高云接风，矮云接雨

云高积风，云低积雨

云高走得慢，必定是晴天；云低跑得快，必定有雨来

横云风，直云雨，云生胡子也有雨

天边云不明，不久雨就停；天边云光明，雨水难得停

快云兆雨，慢云兆晴

云行逆风天气变

云丝一条线，有雨不用算

天上细毛云，明天还是晴

云钩向哪方，风由哪方吹

天上云彩像羽毛，地下大雨加风暴

春看东南，夏看西北，秋看东，冬看北

春云如跑马，快马赶晴天

春夏乌云接要雨，秋天乌云接要晴

夏天积云黑心带红边，不下雨就有冰雹块

夏季馒头云，天气就会晴

秋云如纸薄，细雨无数落

冬天云发黄，马上有雪下

冬云带钩准下雪

五月云天黄，未来有大水

六月出红云，劝君莫行船

第四章

雷雨·闪电·冰雹

雷雨、闪电、冰雹也是人们所熟知的几种天气现象。

雷雨、闪电、冰雹这些剧烈的天气现象是怎样造成的呢？是否真像神话小说中所说的是什么雷公、电母、风婆、雨伯兴云际会而造成的呢？雷电打死人是否就是上帝对坏人的惩处呢？这些说法在现在看来当然只能成为付之一笑的无稽之谈罢了，但是在古代也确曾蒙骗过一部分人，使他们深信不疑。

人们在生活中经过长期观测研究发现，雷雨、闪电、冰雹原来都是由积雨云发展而成的各种各样天气现象的一部分，它随着积雨云的发展而产生，也随着积雨云的衰退而消失。因此，要弄清雷雨、闪电、冰雹究竟是怎么一回事，首先必须了解积雨云生消过程以及产生积雨云的各种条件与环境。

积雨云

一、积雨云的形成与消亡

一年四季,我们都可以看到在蓝蓝的天空上有时飘浮着一朵朵像馒头似的白云,这就是我们平常所说的晴天积云,气象学上称为淡积云。而形成雷雨、闪电、冰雹的高大积雨云就是从这种又小又矮的淡积云发展起来的。或许有人会问:为什么平常看到的这种馒头似的云经常是过上 10～20 分钟便销声匿迹看不见了,天空中既没有出现高大黝黑的积雨云,更没有什么大雨狂风、电闪雷鸣这些强烈的天气现象呢? 原因是,虽然积雨云是淡积云发展而成的,但并不是所有的淡积云都可以发展成积雨云,在很多情况下,淡积云不会发展成积雨云,晴天积云就是这样的情况。此外,即使发展成积雨云,也不能说所有的积雨云都会发生狂风暴雨、电闪雷鸣、冰雹这些剧烈的天气现象,有的积雨云会发生,有的积雨云就不可能发生。那么,在什么样的情况下淡积云可以发展成积雨云呢? 什么样的情况下积雨云才能促成狂风暴雨、电闪雷鸣等剧烈的天气现象呢?

淡积云的存在与产生说明大气中存在不稳定因素,有对流发生,也有一定的抬升力量把空气抬升到凝结高度以上,才能使空气中水汽凝结出水滴形成淡积云。晴天积云说明积云的进一步发展受到大气中层结稳定干燥空气的限制,或者抬升力量不足以把它抬升到自由对流高度以上,而且水汽不足或没有源源不断的暖湿空气补充。正是由于这些原因,淡积云再也无法向上发展成高大的积雨云了。

可见,淡积云要发展成体积庞大的积雨云,首先是大气层结应具有很深厚的不稳定层,也就是说大气层结应当是不稳定型或真潜不稳定型。前面讲过不稳定层结就是周围温度递减率大于上升气团温度递减率,只有这样才能使上升气团的温度永远保持高于周围环境温度的状况,而且由于周围环境温度递减率大于上升气团温度递减率，因此气团在上升过程中与环境温度之差越来越大，在气压相同的情况下，空气温度越高密度越小，由此可知气团在上升过程中与周围空气密度之差也越来越大，这样上升空气所获得的浮力也越来越大，空气上升速度也越来越大。只要这种不稳定层结存在，对流可以一直发展下去，发展到很高的高度，甚至可以冲破对流层顶到达平流层底部。在浮力不断作用下，积云发展成积雨云时上升气流速度可达到惊人地步，如果在云底上升速度为 1 米/秒左右，那么到达 8 000 米处上升速度最高可达 30 米/秒，极端值比这个数值还要大。如果没有这个深厚的不稳定层结，上升空气就无法得到越来越大的浮力作用使之不断上升发展。如果空气层结稳定，上升空气温度递减率反而比环境空气温度递减率来得大，在开始上升时虽然上升气块温度比周围环境来得高，但是由于它的温度降得快，因而到一定高度之后上升气块就和周围环境温度一样，再上去就出现上升气块温度反而比环境温度低的情况，于是就使上升气块受到一个向下力的作用，可见对流到此已无发展前途，因而空气层结稳定是无法使淡积云向积雨云发展的。

另外，绝对不稳定的空气也不能有效地积累能量，略受扰动与上升，能量便会释放殆尽，这样就很难使能量积累到足以产生雷暴所需的巨大能量，因此产生强大的积雨云所要求的空气层结一般是要求真潜不稳定型。这样就有了淡积云发展成积雨云的第二个条件：需要有足够的抬升力量使空气块能突破底部稳定的空气层结把上升气块送到不稳定的空气层结中去，也就是送到自由对流高度以上的空气层中。这时，空气虽然不再得到抬升力量，但在不稳定层结中浮力的作用已经可以使它继续加速上升，这样才能使淡积云得到充分发展的机会而变成积雨云。如果没有充足的抬升力量，淡积云无法突破真潜不稳定型的底部稳定层结，即使上层空气层结再不稳定也是毫无作用。淡积云抬升到自由对流高度以上的动力来源，有热力对流的抬升作用、锋面的抬升作用、地形抬升作用和辐合抬升作用四种方式。

有了抬升力量把空气送到自由对流高度，在自由对流高度以上当然也具备了不稳定型的空气层结结构，这样是否都能够使淡积云发展成积雨云呢？其实不然，有了上面两个条件只是说具备了产生积雨云的外部条件，积雨云产生的一个重要条件,也就是说具有决定意义的条件是要有源源不断的暖湿空气补充到对流云中,才能使它不断发展。如果缺乏暖湿气流源源不断的补充,那么淡积云的发展只能是无源之水,无本之木,很明显是没有什么发展前途的,即使勉勉强强地能把淡积云发展到积雨云,但也因不能继续得到水汽源源不断的补充,也无法形成狂风暴雨、电闪雷鸣等剧烈天气现象。这就是我们在夏天看到的一些淡积云发展到积雨云之后立即开始消退,并没有造成什么剧烈的天气现象的原因之一。

　　什么样的情况才能使淡积云在发展过程中得到源源不断的暖湿空气的补充呢?如图4-1所示,当淡积云向上拱起发展时,中心部分由于空气向上浮升形成空虚状况,这样四周空气就要流来补充,可见补充到淡积云中的空气是从四周流来的,这就要求四周空

图 4-1　淡积云发展阶段

气湿度必须很高,水汽必须很充沛。否则,如果四周空气很干燥,当它流入云体中间时与云体空气掺和,反而使原来云体中的空气湿度降低,根本没有多余水汽凝结成云,还有可能使原来凝结的水汽重新蒸发而使云趋于消散。同时,蒸发也要消耗热量使云体温度降低,这也抑制了云的继续发展,更谈不上发展成什么积雨云了。根据实际观测的丰富经验可知,强烈而持久的雷暴多出现在水汽充沛的地区,距地面1.5千米附近潮湿空气区,最容易出现雷暴云。

　　水汽对于积雨云的形成和发展是非常重要的。它的重要不仅是使淡积云有能力发展成积雨云,而且积雨云所造成的种种剧烈天气现象,如狂风、暴雨、电闪、雷鸣、冰雹等,无一不是以水汽作为原料的。有人计算过,一块10千米左右的积雨云1分钟内能从云中下降8万吨雨水,可以想象,没有充足的水汽根本无法达到。另外,充沛的水汽可以在它凝结时放出大量潜热,这些潜热一部分提供了积雨云发展所需要的能量,另一部分是造成剧烈天气现象的能量来源。

　　总而言之,从淡积云发展到积雨云需要三个条件:第一是空气中存在深厚的不稳定层结;第二是有足够的抬升力量;第三是有充足的水汽来源,也就是有相当深厚的湿层。有了这三个条件,淡积云就可以发展成积雨云。这三个条件

准备越充足,也就是说不稳定层越厚,越不稳定,抬升力量越大,水汽来源越充足,湿层越厚,湿度越大,那么积雨云发展也就越快越旺盛,造成天气也就越剧烈。

对于一块积雨云来讲,它从形成到消亡,整个生命过程大致可以分成发展、成熟和消亡三个阶段。

(一)发展阶段

当近地面的暖湿空气在某种外界力量的抬升作用下开始向上运动,并抬升到了凝结高度后(即上升空气温度降到露点时),空气中的水汽就凝结成小水滴形成淡积云。这时,如果抬升力量继续存在,云势继续向上增长,对流旺盛,四周空气向云的底部中部辐合,助长了上升气流的上升力量,使对流继续下去。如果空气中、上层层结不稳定,当抬升力量使空气抬升到自由对流高度后,由于上升云体本身气温一直比周围环境温度高,并且上升云体中水汽凝结放出潜热增高了云体温度,因而使空气更加不稳定,于是云体在不稳定层中靠不断增大的浮力作用加速上升。结果反过来使周围空气以更快的速度向云底部、中部辐合,只要四周被吸入的空气有足够水汽,这种发展趋势将不断地继续下去,使云体迅速增大,积云就迅速发展成积雨云了(图 4-2)。在这个阶段中,上升气流一直是占主导地位,在发展最旺盛时,上升速度可达 100 米/分以上甚至 2 000 米/分

图 4-2   积雨云

左右。

在这个发展阶段中,除了云体在向长、宽、高三度空间迅速发展外,构成云的水滴也不断发展。在开始时,由水汽凝结出的水滴都很小,随着云的向上发展,水滴在不断增大。同时,由于云体越向上温度越低,因此就生成过冷却水滴、冰晶,甚至雪花。在积雨云中,积雨云底部组成部分是水滴,中部是过冷水滴、冰混合体,也就是说是过渡阶段,其上部完全是冰晶、雪花。由于冰、水混合于一种云体中,冰面饱和水汽压远小于水面饱和水汽压,这样水滴就迅速通过自身不断蒸发向冰面转移,使冰晶迅速增大。同样,在这个过程中小水滴也加快向大水滴转移,大水滴也不断增大。云中水滴与冰晶不断增大,为降水准备了充足条件,但是由于这时上升气流还十分旺盛,水滴、冰晶还不够大,所以一时还无法降落形成降水。另外,此时云中电荷也在增多并集中起来,但还不至于强大到产生闪电雷声的电压差。对于个别积雨云,由于云底空气干燥,其中降水在尚未达到地面时就已经蒸发完,因此可能有干雷暴产生。

(二)成熟阶段

地面降水的出现是积雨云发展到成熟阶段的标志。

当积雨云发展到成熟阶段时,雨滴和冰粒增大到它们的重量不再能由上升气流支托的程度,就开始降雨。

当积雨云中的雨滴、冰粒开始降落时,由于摩擦作用也将其周围空气一起拖曳向下运动。随着云中的雨滴、冰粒的大量下降,拖曳的空气也越来越多,形成下沉气流。这种下沉气流由于雨滴、冰粒的蒸发作用使自身温度下降,因而其温度比四周温度来得低,也就产生了不稳定状况。这种不稳定状况给下沉空气以一种向下的力。在这个力的作用下,下沉气流的运动也是加速进行的,下降速度越来越快。下沉运动开始时只是从中部的局部地方先开始,而后慢慢地波及整个积雨云中。当下沉运动到达近地面时,沿水平方向迅速扩展,可造成强烈阵风,温度明显降低,气压升高的现象。下沉气流还可将强大的高空西风能量往下层输送,这也是造成地面强烈阵风的一个原因。同时,积雨云底部近地面层原为辐合流场,这时变为辐散流场。

积雨云在成熟阶段中,上升气流与下沉气流同时存在,雷雨云造成的各种剧烈现象也大都发生在这个阶段,如狂风、暴雨、电闪、雷鸣、冰雹、龙卷、飑线等。

(三)消亡阶段

同任何事物一样,当其发展到顶峰时便开始向着相反方向转化。雷雨云也是一样,当它还处于发展阶段时上升气流占统治地位。但是,上升气流不断发展,下沉气流也开始不断发展。当上升气流发展到顶峰时,便开始削弱,而这时下沉气流却方兴未艾正处于发展阶段。随着下沉气流不断扩大,上升气流就不断削弱。当下沉气流波及到整个雷雨之中时,也就是说在整个雷雨云中下沉气流占统治地位时,积雨云便进入了消散衰亡阶段了。

积雨云的消亡一般是从中部、底部开始的,下沉气流迫使积雨云无法再向上发展,反而迫使空气向下运动。我们知道,空气向下运动是一个绝热增温过程。空气在向下运动过程中由于外界压力不断增大迫使空气体积不断变小。空气体积变小,温度就升高,温度升高,空气中水汽容纳量也增大,于是水滴便重新蒸发成水汽,云便告消散衰亡了。

单个雷雨云从其生成到消亡一般可以经过 30 分钟到 1 小时左右。那么,我们平常看到的闪电、打雷、下雨有时可以维持几个小时,这究竟是为什么呢?原来,情况是这样的,一个大的雷雨区往往不是由一两个雷雨云单体构成的,而是由许多个雷雨云组成的雷雨云群,它们一个消亡接另一个产生地此起彼伏继续下去,才能造成较长一段时间的雷雨天气(图4-3)。

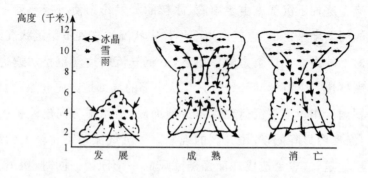

图 4-3 雷雨云生命史

二、积雨云的种类

积雨云可以分为两种,一种是秃积雨云,另一种是鬃积雨云。

秃积雨云是浓积云继续向上发展的初始阶段,它的云顶高度一般到达冻结层高度左右。当积云发展到浓积云阶段,其顶部呈花椰菜形或宝塔形。因浓积云顶部还未达到冻结层高度,水汽还未能冻结成冰晶,最多只是过冷却水滴与水滴组成的共同体。浓积云再向上发展到达冻结层高度以后,由于这时水汽可以冻结成冰晶,因此原来花椰菜形凹凸不平的顶部开始消失,但还未全部消失,围绕顶部出现几缕丝线般的薄云,这些薄云就是由冰晶组成的,但顶部尚未发展到呈铁砧形状,这就是秃积雨云(图4-4)。

图4-4　秃积雨云

秃积雨云云顶高度较低,组成云体的主要部分是水滴,只有顶部有一些冰晶与过冷却水滴,在它内部扰动还不十分强烈,没有滚轴状的云,比起夏季强大的雷雨云势力要弱得多,它最多只能下些阵雨,雨势不会很大。在秃积雨云内部也有上升气流与下沉气流存在,但不十分强烈,因此还不会发生闪电打雷现象,更不会下冰雹。这种雷雨云一般发生在春季与秋季对流还不十分旺盛的时候。

鬃积雨云是由秃积雨云再向上发展,浓积云时的花椰菜顶部全部消失,代之而起的是像铁砧一样的顶部。它可达很高的高度,甚至可以达到对流层顶部伸入平流层底部。它是一种对流非常旺盛的积雨云。

鬃积雨云是由冰晶、水滴、过冷却水滴共同组成的庞大云体,其高度可达10千米以上。在它内部上升气流非常旺盛,下沉气流也非常旺盛,水汽大量凝结成水滴、冰晶。水滴、冰晶又大量地通过各种途径不断增大。由于上升气流非常旺盛,小水滴、小冰晶根本无法降落形成降水,只有等水滴、冰晶增大到一定程度,使上升气流再也无法支持的时候才会降落形成降水。所以,这种降水来势都很猛,雨滴也很大,并且有可能下雹。由于云中下沉气流也很旺盛,当下沉气流到达地面时,就会向四周辐散开来,因此经常在雷雨来到之前产生强烈的阵风。狂风暴雨就是在这样的形势下形成的。同时,由于上升、下沉气流都很旺盛,雨滴碰撞空气摩擦都有助于电荷的积聚,当电荷积聚到一定程度,闪电打雷也就发生了。

由于鬃积雨云厚度可达10千米以上,因此它具有低云、中云、高云三种云的特性。当它消散时,顶部砧状部分可以平衍扩散而成卷云、卷层云、卷积云等,而它中、下部波浪状的云块吹散以后可以造成不同高度的积云,为积云性高积云、积云性层积云。因此,有人将鬃积雨云比做"制云工厂",一点也不言过其实。

三、积雨云形成的形式

前面已经说过形成积雨云的三个条件:深厚的不稳定的空气层结;一层很深厚的暖湿空气层;适当的抬升力量将暖湿空气送到自由对流高度以上。在前两个条件具备的情况下,由于推送空气上升这一原始动力条件有各种各样方式可以实现,因而也就产生了各种雷雨,归纳起来可以分为四类:浮力作用产生的热雷雨、平流作用产生的夜雷雨、锋面作用产生的锋面雷雨、地形作用产生的山区雷雨。这四种雷雨因形成方式不同,因此它们的强度、大小、地点、时间都有很大的差别。

(一)浮力作用产生的热雷雨

这种雷雨是由于太阳光照不匀而产生热力对流发展而成的地方性雷雨,多形成于夏季,也是占雷雨比例最多的一种形式。

夏季,太阳出来后,如果天空晴朗空中无云或少云,空气流动性不大、风力不强,太阳光就可以毫无阻挡地照到地面,地面温度迅速增高,结果向外面辐射能力也大大加强,地面的长波辐射首先被近地面空气大量吸收。因此,近地面空气也迅速增温,而上层空气由于所得地面长波辐射较少,温度上升较慢,这样就出现了上冷下热的局面。冷空气密度大、比重重,暖空气密度较小,比重轻。这种头重脚轻的形势就不可能稳定,上面重的冷空气要往下降,下面轻的暖空气要往上浮,这样就产生了对流。另一方面,由于地面外表性质不同,故其上升温度也有快慢,有的地方升温快些,有些地方升温慢些。升温

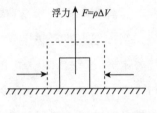

图 4-5　膨胀后气块受力图

快的地方辐射能力增强快,近地层空气热得快;升温慢的地方辐射能力增强慢,近地层空气热得慢。热得快的地方空气膨胀快,体积增大快,密度变小得快,而四周空气被它排挤,因此这个空气块也获得了一个浮力(图 4-5),浮力的大小等于它向四周扩大的体积与四周空气密度的乘积($F=\rho\Delta V$)。这样,空气块就在浮力作用下开始上升。当空气块上升到凝结高度时,空气块中的水汽就慢慢地凝结成小水滴形成淡积云。只要有不稳定的空气层结存在,也就是上升空气块的温度一直处于比周围环境温度高,密度来得小,浮力就会一直存在。空气块在上升过程中在不断增强的浮力作用下加速上升。如果再有源源不断的暖湿空气补充这种对流,可以一直发展下去,直到形成成熟阶段的积雨云为止。当它发展到成熟阶段的积雨云时降水就开始发生,强烈的阵风也开始形成,闪电打雷也会接踵而来,就产生了热雷雨天气。

由于热雷雨天气现象是因局部受热而发展起来的,因此热雷雨的范围一般都比较小,只有几十千米,最大也不过 200～300 千米,而且维持时间也不长,一般只有几十分钟,最长也不过一两个小时左右。难怪人们用"东边下雨西边晴"来形容它,确实是千真万确的。

热雷雨形成时间一般在下午两三点钟左右,有时傍晚也会发生,一般情况下晚上是不会发生的。这是因为,早晨地面受热后发展对流形成淡积云,随着太阳高度角升高,地面受热越来越多,淡积云就加速发展,到下午两三点钟地面

增温达到顶点,淡积云也发展到顶点形成积雨云,降水开始。而后随着太阳高度角减小,空气温度也开始趋于下降,空气层结渐趋稳定,对流停止,当然赖以存在的热雷雨也就消失了。

(二)平流作用产生的夜雷雨

这种夜雷雨一般是在冷空气行经暖空气之上时发生的。

当冷空气行经暖空气上面时,由于冷空气比暖空气重,冷空气要下降,暖空气要上升,于是冷暖空气上下翻腾形成对流。暖空气在上升过程中一方面经过与冷空气接触,热量传给冷空气而使自身冷却;另一方面由于上升体积膨胀以消耗自身热量来抵偿气体膨胀过程所做的功,因而自身也受到冷却作用。在这双重冷却作用下,暖空气温度迅速下降,水汽达到饱和凝结成水滴形成对流云。当暖湿空气上升与冷空气的下降能继续不断地维持下去,将暖湿空气抬升到足够的高度——自由对流高度。这个平流作用完全可以使对流云发展成积雨云而产生雷雨天气。

这种平流作用生成的雷雨一般有两种情况:第一种情况发生在沿海地区。夏季晴朗无云天气情况下,沿海地区海陆风盛行,晚上风从大陆吹往海上,将陆地上的冷空气往海上输送,又由于海平面都比较低,陆地却比海面高出许多,这样当陆地上的冷空气往海上移动时,自然而然就会降落在暖空气上面,引起对流而产生雷雨。因此这种雷雨多发生于晚上称为夜雷雨。另一种情况发生在高原边缘地区。当冷空气越过高山在高原上堆积后向平原地区移动时,也就产生行经高原边缘地区暖空气上方的冷平流。这种冷平流与暖空气对流也会发展成强大的积雨云,容易造成高原边缘地区的强烈灾害性天气冰雹。但它没有沿海地区那么容易发生,可是强度却比沿海地区夜雷雨来得大。

除以上两种情况外,在内陆地区一般不会产生由冷平流而发展起来的雷雨天气。这是因为,内陆地区冷空气与暖空气相遇时,冷空气总是像楔子似地打入暖空气底部,根本无法形成行经暖空气上面的冷平流。但是在海上的情况却不一样,例如,当强大的暖流经过原来冷空气控制的水域时,底层冷空气在较暖的水流作用下温度可明显升高,而冷空气上层由于得不到热量依然很冷,这样也会产生头重脚轻局面,形成上下翻滚的对流现象。当然它不是由平流作用而产生的,但却与平流作用有共同特征,它发展强烈也可以产生雷雨天气。

以上几种雷雨天气除第一种外(沿海地区因海陆风引起),其他几种既可产生于白天也可产生于晚上,因而就不一定是夜雷雨了。

(三)锋面作用产生的锋面雷雨

锋面分冷锋与暖锋两种,锋面雷雨也分暖锋雷雨和冷锋雷雨。

1. 暖锋雷雨

暖锋是暖空气推着冷空气前进的一种锋。我们知道,暖空气一则由于其温度高,比较轻,二则由于它含有较多水汽,因此,当它与冷空气相遇时,干而重的冷空气沉于底下,湿而轻的暖空气只好沿着冷空气斜面往上爬升。暖湿空气在爬升过程中温度不断降低水汽凝结。由这种作用而产生的雷雨称为暖锋雷雨。

暖锋移动速度很慢,这是由于比重较轻的暖空气去推比较笨重的冷空气只好慢慢来,快是不可能的。这样,暖空气在冷空气斜面上爬升速度也很慢,上升作用并不是很剧烈,冷却也是慢慢地进行。所以,暖锋一般情况下只能生成层状云,下绵绵细雨。它可以造成较长时间的阴雨天气,却很难形成剧烈的雷雨天气。它只有在两种情况下可能会造成暖锋雷雨:一种情况是暖空气非常潮湿,温度很高时,经过爬坡上升后可能形成势力和缓的雷雨,一般都是秃积雨云,很少出现砧状雷雨云。这种雷雨分布范围较大,宽度一般由几十千米到一二百千米,但长度不长,雷雨区分布也比较零乱。另一种情况出现在晚上,暖湿空气沿冷空气斜坡上爬升过程中形成宽广深厚的云层。云层顶部由于晚上强烈的辐射冷却迅速变冷,而云层底部却由于上层云层的阻挡晚上辐射很弱,温度下降很慢,因而也就形成了上冷下暖的极不稳定的形势。于是,上面的冷重空气往下沉,下面的暖轻空气往上浮,对流也就发生了。这种对流如果能充分发展的话,完全可能形成积雨云而造成雷雨。暖锋雷雨一般也是以这种形式产生的占绝大多数,也可以说,暖锋雷雨一般也是夜雷雨。

由此可以明显看出,暖锋雷雨一般都是在宽广深厚的层状云中发展起来的,因而我们一般情况下看不到雷雨云顶部,只能听到从云层上面发出的隐隐约约的雷雨声来判断其存在(图4-6)。

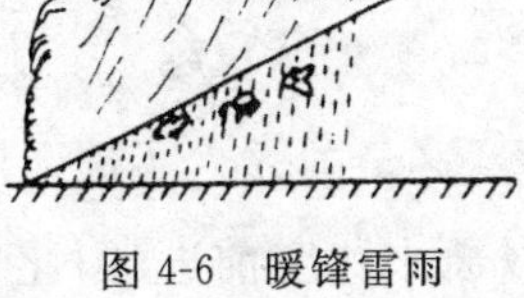

图 4-6 暖锋雷雨

2. 冷锋雷雨

冷锋是冷空气推着暖空气前进的一种锋。冷锋与暖锋不同的是,冷空气可以完全很快地插入暖空气底部迫使暖空气迅速上升。因此冷锋云系与暖锋云系大不相同,冷锋前部大都可以出现积状云。特别是第二型冷锋由于其移动速度更快,暖空气往往来不及后退,也来不及顺着冷空气斜面爬升,这样暖空气就在冷空气前面堆积,堆积的暖空气反过来给冷空气以一种阻力使冷锋锋面变得陡峭起来,既是冷锋冷空气,又是要向前推进,它不断冲击前面暖空气,暖空气后退也已经来不及,向下受地面阻挡入地无门,剩下的只有上天有路了。因此,暖空气迅速向上拱起,形成对流。由于冷空气向前移动很快,暖空气在冷空气前部上升速度也很快,形成的对流也很旺盛,很快可以发展成积雨云,造成各种各样剧烈的天气现象(图 4-7)。这种以冷空气为主要力量而产生的雷雨称为冷锋雷雨。

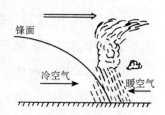

图 4-7　冷锋雷雨

冷锋雷雨宽度一般都不宽,只有几十千米。因为它是沿着锋面发展的,所以沿着锋面好几百千米的范围内都普遍发生雷雨。冷锋雷雨在哪个季节都能发生,但在春夏之交发生次数最多。这是因为春夏之交北方冷空气虽然衰退,但还有一定势力频繁南下,而南方暖空气势力正处于上升阶段更有能力频繁北进,这样冷暖空气交汇时间较多,加上南来暖湿空气提供了充沛的水汽条件,因而比较容易发展成雷雨天气。在一天之中,冷锋锋面都可以产生冷锋雷雨,但是在午后到傍晚之前发生机会最多,这是因为一天当中一般说来午后温度最高,最有利于空气上升,所以形成的雷雨机会当然也会多一些。

(四)地形作用产生的山区雷雨

在山区,当暖空气移动时碰到山脉的阻挡无法继续前进,便停留在山前。前面的空气停住了,后面的空气却源源不断地继续移来,这样在山脉前面暖湿空气就会越积越多。大家在有的电影中可以看到两列火车相撞时都会往上拱起,这是因为火车撞车时车头虽然在经过碰撞之后停止,但是后面的车厢还是以原来速度前进,因此迫使车头向上拱起以适应后面车厢继续前进这个趋势。

同样的道理,空气移动过程中遇到山脉阻挡,在山脉前堆积,但随着后面空气不断移来,当前面空气光靠堆积已经无法适应源源不断移来空气要求时,只好向空中突破而向上升起,因而山脉前就形成前面空气不断上升后面空气不断移来补充的局面,这样就产生了对流。当空气沿山脉上升时自身不断冷却,水汽不断凝结形成积云,只要山脉足够陡峭、足够高而且后面又有暖湿空气不断补充,积云可以很快发展为积雨云形成雷雨天气(图4-8)。

图4-8 地形雷雨

这种雷雨一般局部性较强,范围较小,且多出现在山脉的迎风面。在背风面,当空气越过山脉后就下沉。空气在下沉过程中由于外界气压不断升高,对下沉气流施加压力迫使它的体积不断缩小,空气体积缩小,温度就上升,这样空气容纳水汽的本领变大,根本无法使空气达到饱和,即使原来饱和的也会变成不饱和,更不能生成云。所以,在山区往往是山坡这边电光闪闪,雷声隆隆,暴雨倾盆,而那边却是微风徐徐,骄阳高照,天气晴朗。

在山区,地形雷雨白天晚上都可以发生。白天,由于空气温度较高,空气层结较晚上更不稳定,所以更容易产生雷雨天气。

打雷、闪电是如何产生的

要想弄清打雷、闪电这些现象,首先必须弄清楚什么是电、如何起电这些基本常识,然后再看积雨云如何发生打雷闪电现象,也就比较容易搞懂了。

一、摩擦起电

我们如果用玻璃棒在丝绢上使劲摩擦几下,再拿玻璃棒靠近细小纸屑,可以发现玻璃棒吸引纸屑。用猪皮与火漆棒摩擦,用赛璐珞(即硝化纤维塑料,是塑料的一种)梳子在头上猛梳几下都会发生类似现象。这种具有吸引轻小物体的现象就叫做"带电",或者说物体有了电荷。用这种摩擦的方式使物体带电称为"摩擦起电"。

一般两种物体互相摩擦都会发生带电现象。但是我们如果用手拿一根金属棒在丝绢上摩擦,无论你用多么大的劲都不可使金属棒产生吸引轻小东西的现象,也就是说不会"起电"。如果手上套上手套再拿金属棒情况就不同了。经过摩擦后的金属棒就可以吸引纸屑之类的轻小东西了,也就是说金属棒"起电"了。这又是为什么呢?原来人本身是一个导体,人手接触金属棒后,金属棒在摩擦过程中所带的电荷都通过人体传走了,这样金属棒当然不可能发生带电现象了。套上手套后,手套是绝缘体,这样经摩擦后金属棒上所带电荷再也无法由人体带走,因此又可以发生带电现象了。为什么摩擦会产生电荷呢?原来,一般物体都带有两种电荷——正电荷与负电荷,只是由于物体所带的正电荷与负电荷数目相同,所以一般物体显示不出带电性质来。两个物体互相摩擦后就会产生一种现象:一个物体上的负电荷向另一个物体上

图 4-9　摩擦后玻璃棒吸引纸屑

转移。这样,一个物体由于失去负电荷而带"正电",另一种物体由于得到负电荷而带"负电"。例如,猪皮与火漆棒摩擦,猪皮失去负电荷而带正电,火漆棒得到负电荷而带负电。玻璃棒与丝绢摩擦,玻璃棒带负电而丝绢带正电(图 4-9)。

电有正电、负电两种,正电又称为阳电,负电又称为阴电。当两种带相同电荷的物体互相接近时,会发生互相排斥现象。当两种带不同电荷物体互相接近时,会发生互相吸引现象。这说明电有同性电相斥、异性电相吸的性质。拿猪皮摩擦过的玻璃棒靠近带有负电荷的物体,可以发现指针逐渐向后移去(图 4-10)。指针向后移去的现象是由于两种相同电荷接近时产生斥力所引起的。

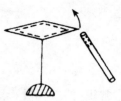

图 4-10　同电排斥

二、放电现象

当两种带有互不相同电荷的物体互相靠拢时,我们会发现两种物体同时失

去了带电现象,这种现象称为电的"中和"。前面讲过玻璃棒与丝绢互相摩擦后丝绢带正电,玻璃棒带负电,如果再把两种物体放在一起,结果又恢复到原来状况,互不带电了。这就是丝绢上的正电与玻璃棒上的负电中和了。这种中和现象是由于当玻璃棒与丝绢放在一起时,玻璃棒上多余的负电荷重新转移到丝绢上。这样,玻璃棒因没有多余的电荷而呈中性,丝绢因重新获得负电荷使丝绢因不缺少负电荷也呈中性。

带电体把它所带的电放出的过程称为"放电",可见,放电必须在两种不同性质的带电体之间进行。放电现象也是一种中和现象。

我们知道空气是电的不良导体,电无法通过空气而达到中和。当两个带不同性质电的物体互相靠拢时,由于中间隔着一层空气因此并不会发生中和现象,只有当两个物体靠得足够近时,也就是说达到两种不同电荷异电相吸的力量能击穿这层空气时,这两个带电体就会发生放电现象而取得中和。可见,如果带电体所带的电越多,所能击穿的空气层可以越厚,因而放电现象所要求的间隔距离相对可以大些。相反,所带的电越少,所能击穿的空气层越薄,因而放电所要求的间隔相对也要小些。

如图 4-11 所示,我们如果取两节干电池来,在正极和负极各栓一根铜线,当两根铜线互相靠近时就会看到有微弱的火花发生并且伴有噼噼啪啪的声音,这个现象就是放电现象,所发生的火花也可以称做闪电。如果我们把两节电池改成十节电池,我们可以发现铜线接近时

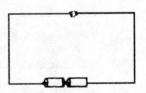

图 4-11　放电现象

的距离可以增大,即不要靠得那么近时就会产生放电现象,而且火花会亮些,声音会大些。

积雨云中所发生的雷鸣电闪,其实就是一种自然界巨大的放电现象。既然如此,放电必须有电,那么积雨云中强大的电场是如何产生出来的呢?积雨云中的强大电场产生主要源于以下三个因素:第一,积雨云的发展可以达很高的高度。这样,在积雨云中的上层部分有大量的冰晶、霰粒和过冷却水滴存在。冰晶、霰粒和过冷却水滴的大量存在为摩擦起电、温差起电提供了一个良好的外部条件。因此,积雨云中第一次闪电现象大都发生于积雨云顶温度到达

－20℃以上时。随着积雨云高度继续发展，闪电也越来越频繁，当云顶高度达最高高度时，闪电也达最频繁程度。第二，积雨云中存在强烈的上升气流和下沉气流。强烈的上升气流与下沉气流不但产生了强烈的摩擦现象促使摩擦起电，同时也加剧了冰晶、霰粒、冰滴之间的碰撞机会（也是一种摩擦形式）。碰撞可以使原来呈中和状态的物体分裂成不同性质的带电体。同时它对电场的分布也有强大的影响作用。所以，积雨云中产生放电现象大多要求必须有大于 8 米/秒的上升气流存在，且速度要有 3 米/秒以上的变幅。这个要求在积雨云达旺盛时期是比较容易达到的。第三，要有足够大的水滴存在。这是因为，水滴所带的电荷量的增长与其体积成正比，体积愈大，电荷增加愈快，这也要求有强烈的上升气流存在。上升气流大，水滴增大速度也快。

　　云顶温度达－20℃以上，有强大的上升、下沉气流，足够大的水滴是使积雨云产生强大电场的主要原因，也是使积雨云产生放电现象的主要原因。因为只有积雨云才能同时具备上述三个条件，其他云则不可能。

　　积雨云起电方式很多，经过大量的观测实验，大多数人认为这与冰晶的温差起电有关。

　　什么是温差起电？

　　温差起电其实就是由于一个物体各部分温度不同而引起所带电荷不同而产生的带电现象。冰晶的温差起电是由于当冰晶的两头温度有差异时，热的一头自由活动的氢离子与氢氧根离子就多了，于是它就向冷的一头活动。但在移动过程中，氢离子的移动速度快于氢氧根离子，于是在冷的一头氢离子的数目就多于氢氧根离子。我们知道，氢离子带正电，氢氧根离子带负电，因此在冷的一头就带正电。在热的一头由于失去氢离子多于氢氧根离子因而带负电。一旦冰晶在温差起电后受到上升气流的冲击或因碰撞而断开时，正负电性就会因而分开，就产生了不同的带电体（图 4-12）。

　　在积雨云中引起冰晶温差起电形式，一般说来是由于冰晶与霰粒在积雨云中互相碰撞时由于摩擦

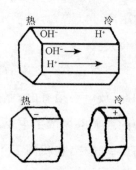

图 4-12　冰晶的温差起电

产生热量,但因霰的表面局部温度上升要比冰晶快些,所以在它们之间产生温度差异,它使霰粒表面带负电,冰晶表面带正电,冰晶在与霰粒互相碰撞摩擦后相互脱离开来,于是冰晶与霰粒就成为不同的带电体了。由此也可以看出它是摩擦起电的一种方式即摩擦—温差—起电。

当过冷却水滴与霰粒相碰时,过冷却水滴表面首先被冻结成一个冰壳,而内部还是保持一个液体状态。这样,内部热量不易散失而温度较高,相对说来外部因其热量较易散失而温度显得较低,产生了温差,于是冰壳外面呈正电性,冰壳内表面呈负电性。一旦过冷却水滴全部冻结,由于水冻结后体积增大膨胀将外冰壳顶破顶碎,这些碎片就带正电飞离而去,而剩下的冻水滴表面就带负电(图 4-13)。

图 4-13　冻水滴温差起电

由于带正电的冰晶、飞屑都比较小且比较轻,带负电的霰粒、冻水滴都比较重。在重力场的作用下,霰粒、冻水滴降落于云的底部,而轻的

图 4-14　大水滴感应起电

冰晶飞屑在上升气流的作用下出现在云的上部,于是积雨云云顶就带正电,底部就带负电。当积雨云中出现了这种上部带正电下部带负电的电场时,云中的大水滴在电场的感应下出现其上部带负电荷,其下部带正电荷的分布状况(图 4-14)。雨滴上部带负电下部带正电,在上升气流不断冲击下,雨滴逐渐由馒头型变为马蹄型。这时在马蹄型入口处由于表面张力作用水滴比较大带正电,而上面由于上升气流不断冲击而逐渐变薄。当上升冲破这个缺口时,在上升气流作用下,上部水滴变成带负电荷的小水珠,随着上升气流一起飞散出去而后漂逸到云的底部。这时,较大的水滴在上升气流的支持下停在空中,就构成了积雨云中的三个带电区的分布状况。

积雨云中电场分布情况,从总的来说可以分为两个部分:在 -20℃ 以下的地方到积雨云顶部是正电区,其下部直至云底为负电区。但在云的底部上升气流较强的地方有局部正电区,有人认为这局部正电荷区的形成是由强上升气流

将地面感应而生的正电荷带至云底而形成的。而地面在云底电场的静电感应下基本上呈正电性，只有在云底局部正电区下方呈负电性（图4-15）。

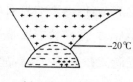

图 4-15　积雨云中电场分布

由于不论是云与云之间还是云与地之间正负电荷都隔着一层厚厚的空气，空气是电的不良导体，因而正负电之间不会互相沟通而中和，在一般情况下也不会发生放电现象。只有在发展强烈的积雨云中，电荷经过长时间积蓄，使它们之间电位差足够大时，它们之间或它们与地面之间相互吸引力大到足够击穿这层空气时，也就是说它们之间电位差足够大时，它们之间或它们与地面之间才会发生击穿空气的放电现象。放电时产生强烈的火花，这就是我们所看到的闪电。根据探测，积雨云中要实现击穿空气达到放电现象，需要有每厘米几千伏特的电位差才能实现。因此，在积雨云中产生放电现象时所放出的热量（电能转化为热能）也是非常大的，一般在闪电通过的地方温度可达10 000℃以上。这就使得闪电通过的地方空气在炽热的高温作用下完全电离，因而发出耀眼的光亮。同时，在闪电通过的地方，由于空气温度急剧升高，空气迅速膨胀产生强大的冲击波，向四周传播，而后又由于空气温度迅速降低，体积又迅速收缩，空气一胀一缩就发出强烈的响声，这就是我们平常所说的雷鸣。可以看出，电闪雷鸣都是由于空气间放电而产生的现象。

如果我们平常注意观察可以发现，闪电的形式是各种各样的，最常见的闪电是呈树枝状的，也有的闪电向前伸展很少停顿，称为"直窜状"，还有呈球状或一串串珠子般的形状。

前面讲过，要击穿空气达到放电目的需要有很强的电位差，要击穿1厘米湿空气需要有几千伏特的电位差，对于干空气那就更大，每厘米要上万伏特。我们知道积雨云底部离地面大约有1千米左右，那么，云底部与地面之间要想出现放电，如果说要击穿这1千米的空气层来达到放电目的的话，云底与地面之间电位差要达上亿伏特，甚至几十亿伏特，这在现实情况下是不可能的。据测量，云中几千上万伏的电位差常常可见，实现局部放电现象是可能的。既然云中没有上亿伏特的电位差存在，那么云地之间的放电现象又是怎么实现的呢？

原来，地面在云底电荷的感应下所产生的静电感应分布是不均匀的，在尖端突出部分分布得特别多。这些电荷随着上升气流飘逸到空间，形成一块块一片片"正空气电荷气块"，如图 4-16 所示。当这些带正电荷的空气块靠近云底到达放电所需的电位差时，就会引导云底部负电荷向下伸展而与它中和产生放电现象。上面带正电空气块与下伸的负电荷中和放电后，更下层的带正电的空气块又引导这个向下伸展的负电荷向下与其中和发生放电现象。这样逐层引导，而云底负电荷也顺着这个通道继续下伸，最终使云地之间产生放电现象。由于在云底部飘逸的带正电荷的空气块呈块状散离分布，当云底下伸负电荷时有时必须同时和几个空气块发生放电中和现象。因此，看上去闪电就像树枝一样向各处延伸。前文所说的最经常看到的闪电呈树枝状，其实正是这个原因造成的。

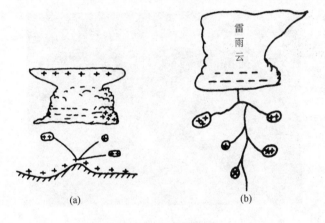

图 4-16　云地闪形式

积雨云放电形式是多种多样的，在云块上下层之间可以发生放电现象，云块与地之间可以发生放电现象，云块与云块之间也可以发生放电现象。云块上下层之间产生放电现象出现的闪电一般是直闪。云块与云块之间的放电现象一般是横闪。云块与地面之间发生放电现象称为落地闪，也是一种直闪。

可以看出，在强烈的上升和下沉气流作用下，过冷却水滴、冰晶、霰粒互相摩擦、碰冻是造成积雨云起电打雷的条件之一。而这些激烈的碰冻又是使水滴冰晶增大形成降水的条件之一，可见在积雨云发展旺盛时期，闪电、打雷、降水都会发生。但是，为什么有时会只听见打雷，看见闪电而没有降雨？其实，在云体中是发生了降水现象的。如果在云体中没有降水发生的话，一般就很难产生强烈的下沉气流。地面上没有发生降水现象，只是由于云底以下空气中水汽太少、湿度太小，所以从云中下降的水滴在未落到地面以前就被蒸发掉了。

冰雹的形成和种类

一、冰雹的形成

同电闪雷鸣一样，冰雹也是积雨云发展旺盛时期的产物（图 4-17）。

图 4-17　冰雹

夏天在电闪雷鸣之后，下雹并不是非常罕见的现象。白天，当天气非常闷热，湿度很大的时候，当天午后的积雨云中就可能下冰雹。

按理说，夏天温度较高，而冰需在零度以下才能凝结而成。这样，成冰的可能性应该比较少才对，但是冰雹却往往在夏天下，冬天反而不可能下冰雹，这又是为什么呢？

让我们先来看一看冰雹是如何在积雨云中生成的吧！

我们仔细观察可以发现，冰雹是由雹核和一层透明的、一层不透明的冰组成的。

夏天，虽然地面气温很高，可达 $30 \sim 40℃$，可是空气中的温度分布是随高度上升而降低的。对于干空气来讲，每上升 100 米温度就降低 $1℃$；对于湿空气

来讲,每上升 100 米降低 0.6℃(图 4-18)。上升
空气块在上升过程中由于自身体积不断膨胀对
外做功,消耗自身热量,温度不断降低,降温速
度(如果不考虑潜热释放)介于二者之间。可
见,地面温度如为 40℃ 的空气块,当它上升到
4 000 米高空时,温度已经下降到 0℃,再上去温
度更低,到 6 000 米高空时,气温就下降到
−20℃(图 4-19)。在这样的气温之下,水汽凝

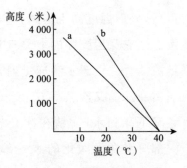

图 4-18　干湿空气温度递减曲线

a 为干空气;b 为湿空气

华成冰可以说一点也不费劲了。而一般的积雨云发展旺盛可伸展到 8 000~
9 000 米以上,甚至上万米高度。那里的温度将要下降到 −40℃~−30℃。所以,
积雨云中就其水汽凝结(华)后的形态结构可以分为水区、冰区、雪区(图 4-20)。

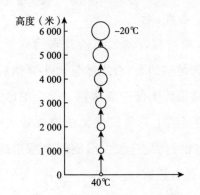

图 4-19　上升空气温度下降情况

图 4-20　积雨云中形态结构

　　由于上升气流的作用,水区的水滴可以上升到冰区、雪区。上升到冰区、雪
区的水滴如果尚不冻结,则称为过冷却水滴。过冷却水滴的温度有时可达
−30℃。过冷却水滴之所以不能冻结是因为没有得到使它改变状态的力量,
水中潜热无法释放的缘故所以不会冻结;如果对于过冷却水滴稍加一个外力
作用,它立即就会发生冻结现象而放出潜热。同样,雪区、冰区的冰晶雪花也
会下降到水区的。当雪区、冰区的过冷却水滴与雪花冰晶相碰时,立即就会
在雪花、冰晶外表冻结。由于冻结速度很快,雪花冰晶中还保留一部分空气,
于是形成不透明的冰核(雹核)。积雨云中的上升气流也是时强时弱的。这
时如果上升气流减弱支持不住雹心的重量,它就开始下降。当它下降到水区

以后，外面温度高于零度，雹核外面一层被融化。同时一部分水滴也粘附其上。当它又遇到强的上升气流时又随着气流上升到冰区、雪区，外层水滴冻结成冰壳。由于水滴冻结时放出潜热，使冰壳外面稍有融化呈湿润状况，因而雪花冰晶又能粘附其上。当上升气流再减弱时它又下降到水区，粘在冰壳外面的雪花冰晶又有一部分融化。融化的水一部分渗入雪花内部，一些水滴又粘附其外部，而后又随上升气流升到冰区、雪区冻结。经过这样来回反复几上几下，雹核外面就包上一层透明一层不透明的冰层，形成冰雹。当它的重量增大到上升气流再也支持不住时就往下落，下雹就开始了(图 4-21)。

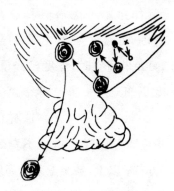

图 4-21　冰雹形成

　　由此可见，冰雹形成过程中需要四个条件：第一，水、冰、雪花共寓于一云体之中。第二，要有深厚的云层供其来回往复。第三，要有强烈的上升气流才能使冰雹增长到足够的大，否则冰雹太小降落后，还未到达地面就已被融化成水滴，只能形成降雨而不能形成冰雹。较大的冰雹其下落速度可达每秒 30～40 米，可见没有相当的上升气流是无法形成较大的冰雹的(表 4-1)。上升气流越大，形成的冰雹也越大。反之，形成的冰雹也越小。上升气流太小就不能形成冰雹。上升气流过分强大，形成的冰雹可能被带到云顶而后随着高空气流带到云顶前端的无云天空降落，形成晴天降雹现象(图 4-22)。第四，要有深厚的湿空气层以源源不断地为发展旺盛的对流供给暖湿空气。下雹前，我们都会感到异常闷热，也就是空气中温度高、湿度大的缘故。

图 4-22　晴天降雹

表 4-1　几种不同类型冰雹下落速度　　　　　　　　　(米/秒)

比重 \ 速度 \ 直径(厘米)	0.6	1.3	6.4	8.9
0.9	11.2	15.6	35.7	43.6
0.8	10.3	14.7	33.6	40.6

要满足上述四个条件,只能依靠夏季及夏季前一段时间发展旺盛的积雨云。在冬季,一则无法发展高达几千米的深厚的积雨云;二则由于地面气温较低,云层温度更低,不可能形成一层深厚的水区;三则不可能有那样强烈的上升气流;四则我国大部分地区都在北方冷空气控制下,北方冷空气水汽一般较少,因而水汽条件远不具备。所以,冬季温度虽然低,却不能下雹。

二、冰雹的种类

冰雹产生于积雨云之中,而产生积雨云的方式多种多样,因而形成冰雹的方式也是多种多样。归纳起来大致分为五类:热成雹、夜成雹、锋面雹、平流雹和地形雹。

(一)热成雹

白天,地面受太阳强烈照射,温度剧升引起近地层暖湿空气温度也剧升,同时地面水分也大量蒸发使近地层空气更加潮湿,而离地面较高的空气层由于得到地面辐射热量较少温度上升慢,相比之下显得较冷。这样,冷而重的空气下沉,暖而湿的空气上升,形成对流而生成积雨云发展到旺盛时期就产生下雹现象,这样生成的雹称为热成雹。热成雹范围不大,最易于发生在夏天下午最热的时候(图4-23)。

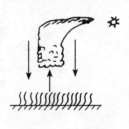

图 4-23　热成雹

(二)夜成雹

顾名思义是晚上生成的雹。按理说,晚上空气层相对来说应比较稳定,那又为什么会产生如此剧烈现象的积雨云而降雹呢?

如图4-24所示,夜晚,当天空铺盖一层厚厚的云层时,云层上部向太空强烈辐射散热而得不到任何热量补偿,因而温度迅速下降空气变得冷而重。而云的底部也向地面辐射散失热量,但它可以得到从地面向云层底部辐射热量的补偿,在云层很厚很大的情况下,云底热量收支可以达到基本平衡。因而云底温度没有降低或降

图 4-24　夜成雹

低不多,比起云顶来说温度要高许多,也显得比较轻。于是,云顶冷而重的空气就下沉,云底暖而轻的空气就上升,造成剧烈翻滚现象形成对流。这种对流发展旺盛,也可以发展成积雨云而下雹,只不过概率小些。以这种形式生成的雹,称为夜成雹。

(三)锋面雹

可以分为暖锋雹与冷锋雹两种。暖锋情况前面已经讲了,这里只讲冷锋雹情况。冷锋雹大致可以分成两种情况。

当冷空气移动速度较快时,它迅速插入暖空气底部,暖空气由于受到冷空气强烈冲击被迫迅速上升,这些被迫上升的暖空气含有较多水汽,当升到一定高度就会凝结成水滴,生成积状云继而发展成积雨云,也能形成下雹,这是第一种情况(图4-25)。

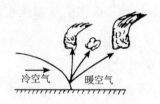 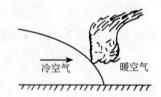

图 4-25　第一型冷锋锋面积状云生成　　　图 4-26　第二型冷锋锋积状云生成

第二种情况是第二型冷锋,由于冷空气前进特别迅速,于是前面暖湿空气来不及撤退,在冷空气上堆积拱起上升形成积雨云,这种积雨云发展旺盛也可能下雹,下雹机会比前面一种更多,因为这种形式产生的对流云比前面一种抬升力更强,发展更旺盛(图4-26)。

(四)平流雹

由于平流原因而引起对流发展成积雨云而产生下雹现象,这种雹称为平流雹。

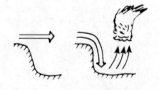

图 4-27　平流雹形成

这种雹多生于高原边缘地区或山脉的背风面。在高原地区的边缘平原地带如果为一暖湿气团控制,而在高原地带有冷空气向边缘地区移动(图4-27)。当这个冷空气移出高原行经暖空气上方时,由于暖湿空气比较轻,无法支持住冷而重的空气在其上方前进,因而冷空气就下跌占领原来暖空气所占领的地区,暖空气被迫上升。这样翻滚的局面产生了对流。当暖空气上升到一定高度后,暖空气中水汽就可能凝结成积状云而后发展成积雨云,造成下雹现象。

另外,沿海地区晚上陆地上冷空气移经暖海面上空时也可能发生这种情况。这种情况产生的雹既是平流雹又是夜成雹。

(五)地形雹

地形雹是一种因地形作用而产生的对流发展到积雨云后而产生的雹。

形成地形雹的原因有两种:一种是暖湿空气遇到山脉阻挡时沿山脉向上爬升,在爬升过程中不断冷却,水汽凝结而产生积状云。只要暖湿空气不断供应,这种积状云就可以发展成积雨云,而产生下雹现象(图 4-28)。第二种是冷锋移动过程碰到山脉阻挡,冷锋继续前进,而暖空气后退无路只好顺着山坡往上升起,产生对流形成积雨云也可能下雹,这种雹可以称为锋面雹,也可以称为地形雹(图 4-29)。

图 4-28 地形雹形成　　　　　图 4-29 冷锋地形雹

上述五个类型的雹归纳起来有以下几点不同:

(1)热成雹多产生于单一气团之中,而锋面雹则生于两个不同性质气团的交界面上,夜成雹、地形雹、平流雹可以产生于单一气团中,也可以产生于两种气团交界面上。

(2)热成雹、夜成雹一般形成于无风或微风的天气中,地形雹则要求有适当的风力,这是因为,没有适当的风力,暖湿空气不可能沿山坡向上运动。

(3)热成雹生于白天,降雹概率最高,夜成雹生于晚上,地形雹、锋面雹、平流雹无论什么时间都可能生成。

(4)地形雹多生于迎风坡,平流雹要有比较宽广的起伏地带,高度差要大,最易产生于从高原下跌到平原这些边缘地带。

(5)从降雹范围来看,锋面雹范围最大,其次是地形雹、平流雹。夜成雹与热成雹范围最小。

雷雨、闪电、冰雹谚语精解

先雷后雨,有雨必少

未雨先雷,船去步回

雷公先唱歌,有雨也不多

先打雷后下雨,当不得一场大露水

先雨后雷,其雨必大

雷雨根据其生成方式,可分为热雷雨、锋面雷雨、地形雷雨、平流雷雨等。“先雷后雨”一般都是发生在热雷雨与地形雷雨中。

为什么热雷雨与地形雷雨会出现“先雷后雨”的感觉呢?

前面讲了热雷雨、地形雷雨一般产生于单一气团内部,因此可知这是由于局部热力作用与地形作用而产生的。其实,产生热雷雨与地形雷雨在积雨云中雷鸣电闪降水的发生时间不会相差许多。如果人处于雷雨云底部,“先雷后雨”感觉很可能不会很明显(只是有感觉)。

热雷雨与地形雷雨产生先雷后雨的情况,可能有两种:第一种情况是产生热雷雨与地形雷雨的积雨云底部空气层比较干燥,积雨云中降水在还未落到地面时已经蒸发掉了,而雷声却照样传到地面,这样就产生了雷公先唱歌的情况。以后积雨云继续发展,雨滴大到落到地面前还不致完全蒸发完时才形成降水。第二种情况是由于热雷雨是带有很强的局部性的,范围很小,当它远离本地时,闪电雷声可以通过空气传播过来为我们所听到。但由于雷雨云远离本地,降水当然不会落到头上,而后随着积雨云移来才会发生降水,这也是“先雷后雨”。

由于热雷雨、地形雷雨是在单一气团内发展起来的局部性雷雨,所以范围小，雨量也不会很大，而且下雨时间也短，不可能下很大的雨。如果积雨云远离本地，就有可能在它尚未移来之前已经消亡，根本不会下雨。

而锋面雷雨情况就不一样，它是在锋面云系中发展起来的。在锋面中，原来天气情况就比较恶劣，多为阴雨天气。因此，在它还没有发生强烈扰动发展成积雨云之前就已经可能是阴雨天气，而后随着冷暖气流剧烈的相对运动发生强烈扰动，从锋面云系中发展成积雨云产生打雷现象，这就势必形成"先雨后雷"情况。这种情况降水时间和雨势势必都比较大些。所以气象谚语说"先雨后雷，其雨必大"，正是指的这种情况。

可见，"先雷后雨，有雨必少"、"未雨先雷，船去步回"等谚语在一般情况下还是比较符合科学道理的。但是，由于锋面雷雨有时也有先雷后雨情况，所以利用这些谚语作预报时，最好根据当时天气形势配合考虑互相订正，把握性更大些。

雷轰天顶，有雨不猛；雷轰天边，大水连天

雷打天顶，有雨不狠；雷打天边，大雨连天

夏天经常有这样一种情况，一块乌云从天边移来随之电闪雷鸣狂风大作，天空一片乌黑，紧跟着噼里啪啦下起大雨，过一会儿乌云移走，彩虹高挂，天空晴朗。这就是我们经常见到的地方性热雷雨。"雷轰天顶，有雨不猛"指的就是这种热雷雨。由于热雷雨范围很小，所以一般要雷打在天顶，积雨云移到天顶才会发生降水。如果本地已经发生降水，而只隐隐约约地听到在远处天边响雷或光见闪电不见雷声，这样的雷雨说明并不是什么热雷雨。因为热雷雨范围并不可能那么大，只能是锋面雷雨。而锋面雷雨是存在于锋面之中，因而其下雨范围强度都比较大，维持时间也比较长，所以说"雷轰天边，大水连天"。这条谚语的另外一层含义是，当"雷轰天顶"时，说明积雨云中心部分已移到天顶，随后本地处于积雨云后部，云势减弱，未来雨将逐渐减小，不会比先前更大。"雷打天边"说明积雨云中心部分尚未移来，随着积雨云逐渐移来，雨势将逐渐增大，当积雨云中心部分移来时，雨势更大，大雨滂沱，也就是"雷打天边，大雨连天"。

先见电后听雷,大雨后边随

闪电催雷雷催雨

雷震百里,闪照一千

电三千,雷八百

当积雨云发展到非常旺盛时,积雨云中的雨滴增大得足够大,上升气流再也无法支持住,于是雨滴就从云中下降形成降水。这时,积雨云中电荷积累也达到相当强的程度,有足够力量击穿空气层产生放电,造成电闪雷鸣。我们知道光速是每秒 30 万千米左右,而声音在空气中传播的速度是每秒 340 米左右,两者相差 100 万倍左右。在积雨云中闪电与雷声虽然几乎是同时发生的,但是当它在空气中传播时,由于光速大大快于声速,因而人们总是先看到闪电而后才听到雷声,"雷震百里,闪照一千"正是这个意思。而雷声在空气中传播速度又快于积雨云在空气中移动速度,因此对于远离积雨云的人来说,先看到的当然是速度最快的光——闪电,后来才听到速度较快的雷声,最后移来的才是积雨云云体部分,造成刮风降水的天气。"闪电催雷雷催雨"多么形象地反映了电、雷、雨三者之间在前进速度方面的差距啊!

东闪西闪,细雨几点

东闪西闪,没雨洗脸

东闪西闪,晒死泥鳅黄鳝

电光乱明,无雨风晴

东豁豁西豁豁,明天田里干巴巴

在夏天夜晚,经常可以看到四周天边电光乱闪,而天顶却依然是星星点点,月光皎洁。随着夜深更静,电闪也逐渐平息,天空依然晴朗。即使有时一朵乌云漂来洒几点小雨瞬即便雨止天晴。

这种"电光乱明"的现象,原来是由于白天太阳光照强烈,地表面状态不同,有的地方受热强些,有的地方受热弱些。受热强的地方,温度升高快些,那里空气密度小些,于是在浮力作用下,开始浮升发生对流发展成积雨云。这种积雨云范围很小,常常是东一块西一块的。积雨云发展到旺盛时期就会发生电闪雷鸣现象,也会发生降水现象下雷雨。有的由于云底比较干燥,云中降水现象发生后,在雨滴尚未到达地面已经蒸发完了。这就是晴天情况下的干雷暴,这种积雨云是由于局部性质热力对流引起的。到了晚上,太阳下山了,地面由于得不到太阳光照辐射变冷,大气渐趋稳定,而这种积雨云不能继续得到上升气流补充也逐渐消退。我们晚上所看到的"电光乱明"现象,其实就是这种积雨云在衰退过程中的放电现象。这种积雨云没有发展前途,一般不可能降雨。更由于它们远离本地,即使产生局部降水也落不到本地。即使落到本地,也早已是强弩之末,不可能产生什么大雨,只能是细雨几点而已。气象谚语"东闪西闪,没雨洗脸"、"电光乱明,无雨风晴"指的就是这种现象。

一夜起雷三夜雨,雷自夜起必连阴
一夜起雷三日雨

前面讲过,由于热力作用而产生的地方性雷雨一般都发生在白天最热时间。这是由于那时太阳光照强对流旺盛的原因所决定的,到晚上由于热力作用消失,积雨云中上升气流得不到后面力量的补充,难以维持下去,只好让位于下沉气流,积雨云便逐渐消散,不可能产生雷雨现象。可见,晚上打雷现象一般不是发生在本气团内部(特别是远离海边的地区),而是发生在冷暖空气交汇面上即锋面上,多为锋面雷雨。锋面雷雨是由于冷暖气团相对运动,暖空气被抬升而发展起来的积雨云产生的雷雨天气。这种雷雨不但范围广,持续时间也比较长,经常造成连阴雨天气。特别是在春末夏初时候,暖空气势力大振,开始向北挺进,而北方冷空气虽然开始衰弱逐步向北退缩,但还有一定势力控制在长江流域。这时暖空气势力也刚开始抵达长江流域一带,于是暖空气和冷空气在长江流域一带交汇,形成静止锋天气。暖空气在冷空气斜面上爬升形成深厚宽广的云幕。这种厚度又大、范围又广的云层到晚上由于云层上部向外辐射强冷却快变得很冷,而云层下部由于受云层阻挡向外辐射散热慢,它向地面辐射的一部分散失热量又能从吸收地面向上辐射热量中得到补偿,所以温度下降很慢,甚至干脆没有什么下降,因而温度比上层高,这种情况就构成了上冷下热的局面。这是一种极不稳定的情况,便产生对流。如果对流发展强烈,就能生成积雨云,形成打雷下雨的天气。这种现象造成的夜间打雷可能会出现一段较长时间的连阴雨天气。所以,"一夜起雷三夜雨"、"雷自夜起必连阴"在春末夏初长江流域一带比较适用。

相反,在夏末秋初以后,当冷空气势力强大南下时,如果冷空气移动速度很快一扫而过,即使在夜间产生雷雨天气,如锋面雷雨,这种冷锋雷雨也都会很快结束,天气将很快转好。这样,这两条谚语就显得很不恰当了,所以应用这些谚语时最好配合当时天气形势分析是什么样的情况,特别要抓住季节性这一环节。

寅时雷,卯时雨

卯时雷,饭后雨来催

卯前雷,卯后雨来催

古代计时不像现在,用阿拉伯字母 1,2,3……24 表示一天的时间,而是采用子、丑、寅、卯、辰、巳、午、未、辛、酉、戌、亥十二地支表示一天的十二个时辰。这样,一个时辰就相当于现在的两个小时,十二个地支对应 24 个小时。寅时对应凌晨 3—5 时,卯时对应早上 5—7 时,这里,气象谚语中所说的"寅时雷"和"卯时雷"都是表示早晨响雷。

早晨,太阳还没出来时,如果没有新的天气系统影响本地的话,应是一天中空气层结最稳定的时刻。这样,地方性的热雷雨绝不可能在早上发生。因此,早上响雷一般说明有新的天气系统移来,多为锋面雷雨或低槽前部辐合带中的雷雨。由于雷声传播速度快,大气系统移动慢,中间要隔一定时间。但这个时间不会很长。这是因为,雷声在空气中传播范围一般只有 30 千米范围左右,也就是说听到雷声,说明雷雨系统距离本地还有 30 千米左右。30 千米左右的距离就天气系统移动来讲,用不了多长时间就会到来,寅、卯是两个紧接着的时辰,也就是这个意思。

疾雷易晴,闷雷难开

疾雷是指雷声很响声音很脆的雷,闷雷是指雷声虽然不大但声音延续很长,很像推磨一样隆隆不断。两种不同的雷声其实可以表示两种不同的天气过程。

疾雷一般产生于一块孤零零的积雨云中。由于云层范围小,在响雷时没有很多回声,而且也没有深厚宽广的云层阻止声音传播。因此听起来多为声音很响、很脆,没有连续声音。这种积雨云都是地方性的热雷雨或山区的地形雷雨。

闷雷一般发生在云层深厚的积雨云中。它不是一块孤零零的积雨云,而是连续成片成层的云海,雷声由于云层阻挡因此听起来并不很响。但由于雷声在云层中受到反射作用产生强烈的回声,这也与我们在山谷中大喊一声可以听到连续几声回响一样。因此,我们听到的雷声就是持续不断地隆隆作响。这说明闷雷一般不产生于地方性热雷雨或地形雷雨之中,而产生于锋面雷雨之中。

热雷雨和地形雷雨范围一般都较小,只有几十千米,它的持续时间也不很长,只有一两个小时。而对于一个地方产生的降水时间更短,一会儿就会移过本地或自行衰退,雨过天晴,天气仍归晴好。"疾雷易晴"正说明这个现象。

锋面雷雨产生于锋面之中,而锋面云系一般范围大厚度深,不是一下子能移过去的。它所造成的阴雨天气一般可以延续比较长的时间,甚至几天。"闷雷难开"也正揭示了这一现象。

无闪无雷不成雨

当积雨云发展旺盛时期,上升气流很强,下沉气流也很强,而且云顶发展到足够高度即气温在−20℃以下都会发生闪电、打雷现象。如果积雨云没有发生闪电打雷现象,就说明云体发展尚不很旺盛,上升气流不强,下沉气流也不强。这样的积雨云只能说是积雨云的初始阶段,一般情况下是不可能发生降水现象的,气象谚语"无闪无雷不成雨"是有一定道理的。

电闪急,雷猛轰,大雨往下冲
天空打雷,有雨不远
闪电打雷是积雨云发展到旺盛时期产生的一种现象,而积雨云中闪电、打雷、下雨三者之间发生时间基本上相差不远。

电急闪、雷猛轰、天空打雷都说明积雨云云体中心部分已经移来,积雨云云体中心部分是积雨云降水的主要区域,所以立即就会下雨。而积雨云中由于上升气流比较旺盛,形成的雨滴相对也大些,这是因为小雨滴可以被上升气流挡住不致下落,在积雨云中下的雨都比较大,"大雨往下冲"就是这个意思。

南闪半年,北闪眼前

南闪火门开,北闪有雨来

北闪三夜,无雨也怪

南闪晴,北闪雨

这些谚语都说明南边闪电打雷不会下雨,北边闪电打雷就会发生降水。这又是为什么呢?南闪、北闪应该是指发生在冷锋锋面中的雷雨系统,与"电光乱明"应当有所区别。

在我国入秋后,北方冷空气势力逐渐加强经常南下,推着南方暖空气向南移动。这种冷暖空气交汇面就是冷锋锋面。在这个锋面,暖空气受到冷空气冲击向上作上升运动发展起来的积雨云产生雷雨天气称为冷锋雷雨。对于我国来讲,冷空气总是位于北方或西北方,因此冷锋移动大多是从北向南或从西北向东南移动。这样,打雷闪电发生在北面,说明锋面还在本地北边,未来冷空气南下后将会移到本地或影响本地造成阴雨天气。"北闪有雨来"、"北闪眼前"都说明未来天气将转阴雨。

相反,闪电打雷发生在南边,说明冷锋已经移过本地。本地将转受锋后冷高压控制,未来天气将转好。在冷高压控制下,一般可以维持一段较长的晴好天气。"南闪火门开"、"南闪半年"就是这个意思,半年是喻一段较长的时间,并非一定要半年。

南闪、北闪,如果发生在春末夏初,南方暖空气推着冷空气向北移动的暖锋雷雨系统中,就不能用上面谚语来生搬硬套了。这时就不是"南闪晴,北闪雨"了,而可能是"北闪晴,南闪雨"了。

东闪太阳红彤彤,西闪雨重重,南闪长江水,北闪猛南风

东闪晴,西闪风,南闪北闪大雨通

东闪太阳西闪风,南闪北闪雨来雍

这些谚语只适用于西风带地区。在西风带地区,大型天气系统都受高空西

风环流影响,自西向东移动,即使是局部性天气发展起来的积雨云,因其发展高度很高可达对流层顶部,这样积雨云上部也是盛行西风。这样,整个积雨云的移动也要受西风环流的影响,一般也是自西向东移动。因此,东边闪电说明天气系统已经移过本地,不会对本地造成什么影响,天气可望晴好,不会发生降水。"东闪太阳红彤彤"、"东闪晴"正是说明这种情况。相反,西边闪电说明雷雨天气系统发生在西边。随着系统从西向东移动逐渐靠近本地带来强烈阵雨天气,同时由于雷雨前部盛行强大的下沉气流,下沉气流在靠近地面时向四周辐散开来,造成强烈狂风,因此当系统移来时也会产生大风。"西闪风"、"西闪雨重重"正是这个意思。

孤雷主天旱

夏季白天,如果天空无云,太阳强烈照射,地面受热就快,低层空气增温也快。空气受热变轻向上浮起,产生对流。当上升空气块达到凝结高度后,水汽凝结成水滴形成淡积云。而后如果上升气流继续增强对流向上发展,便形成浓积云、积雨云。但是,由于这种积雨云是在单一气团内部稳定天气情况下因热力作用而产生的,经常是东一块,西一块,连不成一片。到下午时,积雨云发展旺盛时发生闪电、打雷现象。由于这种积雨云范围小,又是孤零零的一块块分散分布,所以雷声也常常是东一声、西一声,时响时停,而不见下雨。不见下雨的主要原因是在单一气团内部天气晴好,由于每天水分不断蒸发,因而空气中水汽含量较少,积雨云中的降水在未到达地面时已经又被重新蒸发掉了,所以只见雷响不见下雨。如果这种情况继续下去,地面由于每天水分不断蒸发而又得不到适当雨水的补充,就要发生干旱现象。

迅雷不终日,骤雨不终朝

迅雷、骤雨多为锋面雷雨,而且是移动很快的冷锋雷雨。

为什么说一定要移动很快的冷锋才会发生这种现象呢?我们先来看看暖锋情况,暖锋是一种暖空气推冷空气前进,暖空气轻,冷空气重,轻的去推重的势必有力不从心的感觉,因此只得靠集体力量。暖空气在推冷空气同时就要沿着冷空气斜面往上爬升,暖空气爬升过程是慢慢地爬升,当它到一定高度后水汽凝结成云,因为是整层空气往上爬升所以多为层云,而且范围大、厚度厚。这时,如果暖空气非常潮湿,当它上升到很高的高度时,若有强烈扰动发生,就可能发生对流发展成积雨云造成雷雨天气,但这种云只能是闷雷,而且雨也只能先是蒙蒙细雨而后逐渐变为阵雨,一般不会形成迅雷骤雨现象。

移动较慢的冷锋虽然其速度会比暖锋快,但是在冷空气插入暖空气底部时暖空气还来得及一边撤退一边沿冷空气斜面慢慢抬升,它的云系很像暖锋云系,范围也较大,深度也较深,如果产生打雷天气一般也是闷雷,雨滴虽然比暖锋来得大,但还不是一下子增大,还称不上迅雷骤雨。

只有冷空气移动很快的时候,一方面由于冷空气底部受到地面摩擦影响,前进速度愈快摩擦力愈大。这样,上层冷空气由于摩擦力小而匆匆向前赶去,下层由于摩擦力很大阻止空气快速前进,显得较慢些,因而造成冷空气前进中向前倾斜的现象。暖空气由于受到冷空气突然之间强烈冲击来不及后撤,在冷空气前面堆积,暖空气堆积多了对冷空气也产生一个强大的阻力。这就好像一个骑自行车的人如果速度不快感觉不到空气有什么阻力,但如果速度很快则会感到空气阻力很大。这个阻力迫使骑自行车的人无法一直加快速度。冷空气也由于受到暖空气阻力变得陡峭起来,形成钩鼻子型。但是冷锋冷空气不论遇到多大阻力都还是要向前进的,钩鼻子型的冷空气猛轰暖空气,而暖空气这时又无法沿冷空气斜面爬升,只好向上垂直迅速拱起,形成发展很快的冷锋积雨云。由于这种积雨云发展很快,而且势力很强,大量暖空气在短时间内被迫垂直上升,因而形成的打雷、闪电、下雨天气现象都很剧烈,造成迅雷骤雨形势。

这种冷锋雷雨形成的长度很长,可以达整个锋线上几百千米长的区域,但宽度不宽只有几十千米范围,由于这种冷锋移动快,几十千米很快就会移过。当锋面移过后,锋前所产生的雷雨天气也即告消失,天气转受锋后冷高压控制,逐渐转好。"迅雷不终日,骤雨不终朝"是很有科学道理的。

春雷怕寒

春天,由于太阳直射点尚在赤道左右,对我国大部分地区来讲,白天太阳照射增温不可能十分强烈,因此春天发生热雷雨情况较少,春天发生雷雨一般多见于锋面系统。

春天,由于太阳直射点逐渐开始向北移动,因而南方暖空气势力开始逐渐加强。相反,北方冷空气势力开始衰退。早春时期,长江流域一带尚处于北方冷空气势力控制下,暖空气势力只可能表现为一股股向北挺进的暖锋天气。如果这时发生打雷,说明暖空气势力较强,可能会暂时控制较短一段时间(因为此时暖空气势力毕竟不会太强),天气可能有一段暂时回暖,南来暖空气带来大量水汽。等到北方冷空气再度加强南下后将暖空气大量抬升形成阴雨天气,如果北方冷空气很强,气温很低,可能还会形成春雪天气。因为受到一段短时间回暖后又突然变冷,而且伴有阴雨下雪天气,所以感到更冷。

另一种情况发生在晚春时候。这时暖空气势力已经大大加强。它的势力已经可以控制长江流域一带,北方冷空气已经退居黄淮流域一带了。这时如果发生打雷,说明北方冷空气经过一段时间积累以后向南挺进。因为这时暖空气势力较强,北方冷空气要南下,没有很强力量是不可能的。因此北方冷空气这时能够南下,本身就说明势力较强。这样,北方冷空气可以暂时将暖空气往南赶,而使长江流域一带重新受冷气团控制,因而天气又将转为寒冷。

"春雷怕寒"对于上述两种情况来讲,都说明春雷以后确有一段较冷天气,但是对于第一种情况,开始有段回暖而后才变冷。第二种情况就不同,春雷以后随着冷锋南下立即变冷,所以应该有所区别,可见这条谚语对于第二种情况可能更适用些。

春打雷,春雨随

一日春雷十日雨

春雷日日阴,要晴须见冰

前面讲了两种情况,说明春天打雷多数都是锋面雷雨。锋面雷雨是由于冷暖空气交汇过程中发生强烈扰动对流而发展起来的雷雨系统,因而春天打雷本身就意味着有锋面存在,而且离本地不远。在锋面影响下,势必有一段阴雨天气。而阴雨天气结束要到北方冷空气加强南下后,冷锋向南移动,本地转受锋后冷高压控制，天气才可能转好。而这时在北方冷空气控制下，晴好天气的晚上辐射冷却加强，气温本身又比较低，所以晚上经常可以发生结冰现象，因此说"春雷日日阴，要晴须见冰"。这主要是指早春时期，晚春时期可能不会发生结冰现象了。

梅里有雷主大雨

长江流域春末夏初大都有一段梅雨天气。这是由于这时南北两方暖、冷空气在此地势力相当，形成互不退让的静止锋，而造成长时间阴雨天气。如果在这时打雷，说明有冷空气南下加强，冷空气系统迫使暖空气后退。但是，时令毕竟是春末夏初了，南方暖空气势力正处于上升时期因而不甘落后，同样也加强自身力量。所以，发生了激烈的对抗情况，发生强烈对流，在静止锋云系中发展积雨云产生打雷现象。这时打雷，说明冷暖空气都在加强各自势力，使静止锋加强，暖空气带来更多水汽，冷空气又为暖空气抬升和冷却创造了有利条件。这样雨就会越下越大，而发大水。"梅里有雷主大雨"正反映了这个情况。

风吹一大片，雹打一条线

夏天，天气异常闷热之后，乌黑的云层铺天盖地而来，电光闪闪，雷声隆隆，狂风大作，紧跟着黄豆般的冰粒噼里啪啦从天上猛砸下来，有的竟有鸡蛋那么大，这就是下雹。长期以来，人们不断观测发现下雹的宽度不大，而长度却很长。这样下雹的地方就像带子一样，所以人们经常说"雹打一条线"。

为什么冰雹会下在一条狭长的地带之中呢？

前面讲过，冰雹是在积雨云中产生的，但是不是所有的积雨云都会产生冰雹，即使在下冰雹的积雨云中，也不是整个积雨云都可能产生冰雹，而冰雹只能产生在积雨云中上升气流最强的那部分。这是因为，要产生冰雹，必须有足够的上升气流将水滴送到很高的高度（积雨云中雪区），在那里凝结（华）成雹核，而后几经升降逐渐增大，只有上升气流最强的地方才能支持住足够大的冰雹使它不致下落，也就是说上升气流最强的地方才能产生足够大的冰雹，只有足够大的冰雹才能使它在下落之后不会因升华而消失或融化成雨滴，这样才能产生下雹。否则，上升气流不强即使形成小冰雹，在下落过程中由于外界空气气温很高,小冰雹下落后迅速融化到地面只能下雨,不可能下雹。可见,冰雹只能生成于积雨云中上升气流最强的地方,而上升气流最强的地方在积雨云中不过有两三千米的宽度,这样造成下雹的地方也只能有两三千米宽度了,而积雨云移动的长度却可达几十千米以上,这样冰雹就下在两三千米宽几十千米长的一条狭长地带内,这就是"雹打一条线"。

为什么积雨云中上升气流有些地方强,有些地方弱呢?这主要是由于几十千米宽的积雨云内部的气流受到几十千米内下垫面即地面外表形态的影响。就热雷雨来讲,它是由于热力作用产生对流而造成的。如果下垫面是池塘、湖泊等水面,由于温度升高不快,那里上升气流就弱些。如果下垫面是岩石、水泥,温度上升就快些,那里的上升气流就强些。这些情况反映到云中,上升气流也就有了强弱之分了。另外,地面高低也有影响,山坡上由于受热快上升气流强或因风向山上吹,山坡上由于高度高上升气流也强些,而谷地就相反,上升气流就弱些,反映到云中也产生了气流有强有弱的情况。所以,积雨云中上升气流的强弱,有一部分是来自下垫面的影响,热雷雨就是这样。地形雷雨云与锋面雷雨云情况也一样,也要受到下垫面影响、地形影响、锋面影响,其内部上升气流也不可能完全一样,也是有强弱之分的。

而积雨云底的狂风,是由于积雨云中下沉气流到达地面后受地面阻挡无法下沉,形成堆积,产生局部高压区,因此就在近地面向四周辐散开来,形成积雨云底部强烈狂风。因为是向四周辐散,所以也就成了"风吹一大片"。

雷雨、闪电、冰雹谚语集锦

雷伴宝塔云,风雨急来临

雷听声和方,电看横和直

先响雷不语,后响雷不晴

闪电不闻雷,雷雨不会来

闪白有雨闪红空

纵闪雨，横闪雹

先雷后雨一场露

先打雷，后下雨，顶多是场大露水

先雷后雨雨脚短，先雨后雷雨脚长

先雷后雨，雨必小；先雨后雷，雨必大

先打雷，后吹风，有雨也不凶

未雨先闻雷，乘船出去步行回

未雨先雷，到夜不来；未雨先风，来也不凶

雨打三更鼓，行人要吃苦；雨打五更头，行人不要愁

雨下早饭后，行人莫问路；雨下晌午中，有雨也不凶

早晨下雨当天晴，晚间下雨到天明

开门见雨饭前雨，关门见雨一夜雨

雨打中，两头空

当午雨，两头晴

夜雨不过晨，过晨刮倒人

急雨快晴，慢雨不止

下雨再猛，转风就晴

大雨落得急，马上现日头

雨落起泡连夜晴，雨落如钉普雨连

雹前风头乱

今年雹多，明年雹少

雹子吃霜，干断长江

冰雹走老路，年年旧道窜

雹打一条线，水冲一大片

有雹天定红，久雷刮大风

冰雹下在黄云下，黑云吓人并不下

第五章

风

　　风是人们所熟知的自然现象。人们很早以前就想出很多方法让自然界的风为人类造福。你看那江面上海面上条条竞发的航船，上面装着白帆，当风吹来时，风鼓着白帆推着船儿劈波斩浪地向前驶去，这是多么好的无偿劳力啊！你看那矗立在溪边江旁的风车替人们引水舂米碾谷，从来不要人们任何报酬。近代，人们还利用风带动发电机发电等，正像任何事物都有两重性一样，风可以给人们带来诗情画意的美好画面，给人们赢利造福。但是，一旦它发怒起来，狂风可以吹得天昏地暗。它拔起大树，推倒房屋，掀翻轮船，甚至使海水倒灌引起海啸，使人类蒙受巨大的损失。那么风究竟是怎样吹起来的呢？

　　古代，当人们看到自然界有时静悄悄一丝风也没有；有时却是狂风怒吼，飞沙走石；有时是清风徐徐，微风习习。由于得不到科学的合理解释，都认为风是由管风的神风婆、风伯来主宰的。这在古代科学尚不发达的时候是不足为奇的。今天，科学的发展揭示了大自然的客观规律，使人们知道风是由于空气流动而产生的一种现象，即风是大气的水平运动。

空气的运动

我们生活居住的地球,外部被一层厚厚的气体所包裹,那就是空气。空气不空,它是一种无色无味的气体。空气和任何其他物体一样,也是有重量的。关于这一点,我们可以做这样一个实验来证明。取一个灵敏度很高的天平,在天平两端各吊一个张开口的塑料袋,把天平调到平衡位置。然后取来一个铁罐,在铁罐里倒进一些四氯化碳液体,将铁罐盖好放在火炉上加温一会儿时间,将铁罐取来,打开盖子,往一个塑料袋里倒,虽然我们没有看到任何东西被倒出来,但是天平很快就失去平衡状态。这是因为,铁罐里四氯化碳气体比一般空气重,当它被倒进一个塑料袋中后,显然这个塑料袋的重量增加了,所以天平失去平衡了。从这个例子可以看出,气体是有重量的。另外,我们也可以从氢气球上升这个现象来认识空气的重量。当橡皮球灌上氢气后会上升,这是大家都熟知的现象。为什么会上升呢? 是因为氢气球在浮力作用下上升,这也和将木头用手按到水底,一旦手放开木头就会浮出水面一样。根据阿基米德浮力定律知道,物体所受的浮力大小等于物体所排开的体积和被排开物体的比重乘积。那么,氢气球所受到的浮力大小等于氢气球体积与周围空气比重之乘积,可见空气应当是有重量的。

空气每天每时都在不停地运动着,有时运动很快,有时很慢,快时每秒钟可达 50 米,甚至 100 米以上,慢时几乎不为人们所感觉。空气的运动从其运动方向来说可以分为两类:其一是垂直运动,主要表现形式是对流;其二是水平运动,主要表现形式是风(图 5-1)。垂直运动在一般情况下与水平运动在速度方面相差是很大的。前者一般是以每秒厘米计,而后者却是以米计。垂直运动虽然在速度上是很小的,但是它的作用是不容否定的,没有它就没有变幻无穷的各种天气现象,没有云、雨、雾、雪。这里,我们将着重讲述空气的水平运动——风。至于垂直运动,在第三章已经说过了。

图 5-1　风吹西湖柳

大气的水平运动就其产生范围和生存时间来讲,相差是很大的。大范围的水平运动其范围可以大到10 000千米以上,小范围的水平运动可以小到不足1千米,其生存时间长的可以在1周以上,短的不足几小时。就其水平运动的速度与垂直运动速度之比可以是1 000：1或甚至更小,也可以是大体相当。

这样乍看起来,大气运动似乎是杂乱无章,无规可寻。其实不然,经过人类长期努力奋斗和仔细观测结果,发现大气水平运动大致可以分为四个类型:即行星尺度、大尺度、中尺度、小尺度。它们的运动既是单独的孤立的运动,又是彼此间互相结合着的运动。较小尺度的运动往往寄寓于较大尺度的运动之中,也就是说,较大尺度的运动往往是几个或多个较小尺度运动的组合。

根据牛顿力学第二定律,任何运动形式都是受到力作用的结果,空气运动也不例外。空气的运动也是受种种力作用和制约的结果。具体说来,引起空气运动的作用力主要有气压梯度力、地转偏向力、惯性离心力、摩擦力,弄清楚这几种作用力,有助于我们把握空气水平运动的规律(表5-1)。

表 5-1 各种不同运动尺度的某些物理量及表现形状

数值 分类 ＼ 存在形式	水平空间（千米）	生存时间	垂直运动 （米/秒）	表现形状
行星尺度	1 000～10 000 或＞10 000	12 天～1 周 以上	10^{-1}	全球规模大气环流、高空急流超长波、阻塞高压、极地低涡、副热带高压
大尺度	100～1 000	3～4 天	10^{0}	锋面气旋、高空切变、低涡、台风
中尺度	10～100	≤1 天	10^{1}	飑线 山谷风、海陆风
小尺度	≤10	≤12 小时	10^{2}	雷雨云单体、龙卷风等

引起风的四种作用力

风是气压梯度力、离心力、摩擦力、地转偏向力这四种力共同作用的结果。

一、气压与气压梯度力

既然空气是有重量的,那么包围在地球表面的一层厚厚的气体对地球就会施加一定压力。压力除以表面积就是压强。单位面积上所受到的空气的压力称为空气的压强,气象学上称为气压。

知道气压的存在是人们长期以来生产斗争、科学实验经验积累的结果。早在 1642 年,意大利人托里拆利做过这样一个试验。他拿一根 1 米长一端封闭的玻璃管,往玻璃管里灌满水银,用手指头封住管口,倒转玻璃管后放在装有水银的器皿里,发现管里的水银开始下降,当下降到离器皿中水银面 76 厘米地方时,水银柱就不再下降了(图 5-2)。是什么力量使重量很重的水银柱不再往下降呢? 原来就是空气压力的作用。空气压力施加于器皿中的水银面上,而玻璃管中是处于真空状态没有受到气体压力,而空气的压力刚好与 76 厘米高水银柱重量相等,于是水银面就不再下降了。如果不信,可以把封闭一端的玻璃管打破,水银面立即就会下降到与器皿中水银面相同高度(图5-3)。这是因为,玻璃管口打破后,作用于玻璃管内空气压力与作用在器皿上空气压力相抵消的缘故。如果把托里拆利试验中的水银用水代替,那么这个高度就不止是76厘米,而是10米左右了。目前,气象站用的各种气压表都是按照这个原理制成的(指水银气压表)。

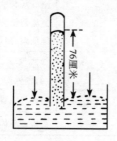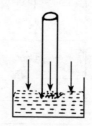

图5-2 托里拆利试验　　　　图5-3 打破管口后的情况

前面已经讲过气压是由于空气本身重量施加于地面的结果而产生的,其实地面上的气压就相当于从地面到太空单位面积上空气柱的重量,那么某一高度上的气压就相当于从这一高度到太空单位面积空气柱的重量。由此可知,对于同一地点来说,地面上的气压最大,越往高气压越低。地球表面气压的垂直分布是随高度的升高而降低的(表5-2)。

表5-2 气压随高度分布

高度(千米)	0	10	20	50	200
气压(百帕)	1 000	260	55	1.3	0.000 000 9

气压随高度的升高而降低,那么气压在同一高度上是不是处处都相等呢?比如海平面上是否均为76厘米水银柱高度呢?从地面天气图[①]可以看到,在

①天气图是气象上专门用的一种图纸、上面印有地图和按气象部门规定的区站号。在统一时间(北京时02时、08时、14时、20时等)内各地气象台站对本地区云、能见度、天空状况、温度、气压、露点、风向、风速、天气现象、降水量等项目进行观测后以编码发报方式迅速传递到气象通讯中心。气象通讯中心根据各地拍来的电报编码迅速整理后在规定时间内用无线电(或者用线路或微机联网)发出。各地气象台将收到的气象电报重新解译成天气情况用符号或数码按区站号填入图内,而气象台预报人员根据此图进行分析、判断作出预报。这个图就是天气图。天气图分地面天气图和高空天气图。地面天气图是将各台站地面天气观测资料填入图中,高空天气图是将高空观测站观测到的高空资料填入图中。

同一高度上各地的气压,不但不相同而且很不相同(图 5-4)。有些地方气压是越来越高,中心最高,如图中 G 处;有些地方气压越来越低,中心最低,如图中 D处。这种气压越来越高的地方气象学上称之为"高压区"。相反,气压越来越低的地方称为"低压区"。从高压区中心往外延伸,前方突出部分称为高压脊。从低压中心往外延伸,前方最突出部分称为低压槽。可以想象,气压高的地方单位面积上所承受空气柱压力应当比较大,也就是空气柱重量应当比较重;气压低的地方单位面积所承受的空气柱压力就比较小,也就是说空气柱重量比较轻。在高压区,既然单位面积空气柱重量重,可想而知高压区空气密度比较大;在低压区,既然单位面积空气柱重量轻,那么在低压区空气密度一定比较小。

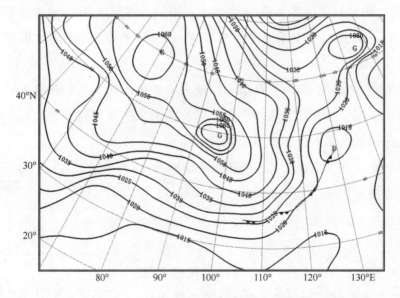

图 5-4   2012 年 2 月 6 日 08:00 BT(北京时)地面天气图

为什么在同一高度上气压会发生如此巨大的不同呢? 前面讲了在高压区空气密度较大,在低压区空气密度较小。这样,气压不同就可归纳为空气密度不同,而空气密度又是受空气温度所制约的。在低层空气中空气的温度升高,气体就会发生膨胀,因而空气密度就小。相反,空气温度变低,气体体积就要收缩,空气密度就变大。因此在低层空气中温度高的地方空气的密度就比较小,温度低的地方空气密度就比较大。

这样再回到气压中也就可以说低压中心暖,为暖低压;高压中心冷,为冷高压(在高空情况与此完全相反是冷低压,暖高压)。这样看来,在同一高度上各地的大气压产生千差万别的根源大概是因为各地气温不同了。地球表面首先由于有的地方太阳直射,有的地方太阳斜射,有的地方太阳照射不到。因而不同的地方吸收太阳的能量也不相同,吸收多的地方气温可能高些,吸收少的地方气温可能低些。比如寒冷的两极,炎热的赤道就是这个原因造成的。赤道终年受到太阳照射吸收太阳能多,温度也高,在两极终年要么只受到太阳斜照,要么根本看不到太阳,吸收太阳能极少,因而温度也低。这是造成地球表面温度不同的最基本原因。另一方面,下垫面不同对气温的影响也是很大的。我们知道地球上各种物体的热容是很不相同的,有些物体得到一点热量,温度就上升很快;有些物体得到很多热量,温度却上升不快。前者热容小,后者热容大。比较所有物体来说,水的热容是最大的,1 卡=4.186 8 焦耳的热量才能使 1 克的水上升 1℃。由于这个原因,即使在同纬度地区所得到太阳能量相等(地球自转原因除外)的情况下,因下垫面不同地表温度也不同。地表温度不同也就影响到气温不同。这是造成地球表面气温不同的另一重要原因。这两个原因是造成地球表面气温产生千差万别状况的主因,所以也就产生了同一高度上各地气压各不相同。

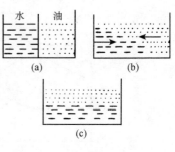

图 5-5　油水对流后情况

现在来看一个实验,如图 5-5(a)所示,将一个器皿在中间用隔板分开,一边放油,一边放水,然后抽去隔板,我们会发现油从上边往左边流去,水从下面往右边流去(图 5-5(b)),最后水沉下面,油浮上面(图 5-5(c))。为什么隔板抽去后会发生对流现象呢?稍有生活常识的人都会说,这是由于水比油重的缘故。

可见,密度不同的两种流体放在一起是会发生对流现象的。水从高处往低处流,也是人们所知道的常识,为什么水会从高处往低处流呢?这是因为它们之间存在着水位差(图 5-6),由于水位差的存在,产生了由重力大的地方向重力小的地方的旁压力,在旁压力作用下,水就开始从高处往低处流。空气也是一种流体,因此它也与水从高处往低处流和水与

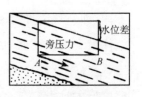

图 5-6　水的运动

油互为对流一样,如果两地气压不同,这两地的空气也会产生重力差,在重力差的作用下也会产生从密度大比重重的一方流向密度小比重轻的一方,在气象学上通常称为从高压流向低压。

平常我们用扇子来回摆动就感到有风,这是因为扇子推动空气前进,由此可知空气流动就产生风。扇子扇得越快,我们感到风力越大,这是因为扇子扇得快,空气流动就快,因而风力就大。原来,风力是空气流动速度的表征量。同扇子作用一样,由于两地气压不同,因而产生了气压差。在气压差这个力的作用下,空气也就开始了从气压高的地方流向气压低的地方,这样就产生了风。

如图 5-7 所示,空气块 A、B、C、D 的 BD 面受到 P_2 的力,AC 面受到 P_3 的力,两个面所受的力差为 P_2-P_3($P_2>P_3$),因而此空气块 $ABCD$ 就在 P_2-P_3 力的作用下向左移动,也就产生了风。

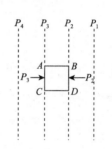

图 5-7　空气块受力情况

前面讲了摇扇子用的力大,摆动快,风力就大,因而可以推知气压差越大,由气压差所产生的力也越大,风力也越大。这种情况严格来讲只有在两力之间距离相同的情况下相比较才成立,否则是不确切的。我们不妨再用扇子作例子来说明,如果扇子离我们人比较远,即使再用力也不会感到有很大的风。相反,扇子离人近些,用力即使小些,很可能还会感到更有风些。正是这个原理,光有气压差的大小还不足以说明风力的大小,风力的大小除了气压差大小之外,还应该看产生气压差的两地距离大小才能决定。

如图 5-8 所示,右图 AB 两地气压差为 P_1-P_4,我们用 CB 来表示,AB 表示两地间的距离,这样就组成了三角形 ABC。左图 $A'B'$ 两地气压差也为 P_1-P_4,我们用 $C'B'$ 表示($C'B'=CB$),$A'B'$ 两地距离仍用 $A'B'$ 表示组成三角形 $A'B'C'$。很明显,$\triangle ABC$ 与 $\triangle A'B'C'$ 中 AC 与 $A'C'$ 坡度相差很大,$A'C'$ 很陡,AC 却很平缓,因而可知 $A'B'$ 两地间风力远大于 AB 两地之间的风力。

为了更好地表征作用力与风力之间关系这个物理量,更好地比较不同地点气压力的大小,气象学上引用了气压梯度力这个概念来表示单位距离内气压减少的量值。

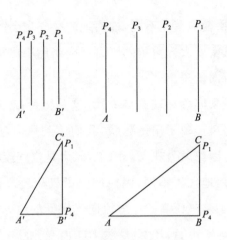

图 5-8　气压梯度力示意图

如果我们考虑作用在单位质量空气的气压梯度力,可以写出下列简单的方程式:

$$F = -\frac{1}{\rho} \cdot \frac{P_4 - P_1}{B - A}$$

式中 ρ 是空气密度即单位体积空气的质量。比值 $\frac{P_4 - P_1}{B - A}$ 表示沿垂直于等压线方向单位距离内气压变化也即气压梯度力,负号表示气压梯度力方向由高压指向低压。

有了气压梯度力这个概念,我们就可以讲,气压梯度力越大的地方,空气流动速度越快,风力越大。在天气图上,我们可以很直观地看到各地气压梯度力的大小,那就是在等压线越密的地方,气压梯度力越大;相反,在等压线越稀的地方,气压梯度力越小。我们再仔细看天气图上的风力分布,基本上与此相同。

二、地球的自转与地转偏向力

根据我们前面所说,空气在水平方向上由于气压分布不均匀,因此在气压梯度力的作用下开始运动起来。气压梯度力的方向是由高压指向低压。按理说,空气运动也应该由高压流向低压。但是观测发现实际情况并非如此。天气图显示,风并不是从高压吹向低压,而是基本上沿等压线吹的(在高空图中沿等高线方向)(图 5-9)。如果说在气压梯度力的作用下风应从高压吹向低压,从图上来看,实际的风向已经向右偏转了若干角度。根据力的平衡原理,肯定还有一个力从右侧拉着风使它向右偏转。这究竟是什么力在起作用呢?

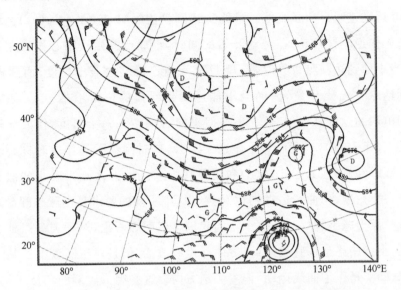

图 5-9　2012 年 8 月 7 日 20:00 BT(北京时)500 百帕天气图

　　观测还发现,在北半球河道的右边都比较陡峭,冲刷得很厉害;在南半球是河道的左边被冲刷得比较厉害。就北半球来讲,是否由于在北半球的右岸的岩石没有左岸坚固呢? 如果是某些河道出现上述情况,这样解释还勉强可以,但是一般河道都出现这种情况,这样的解释就显得十分不牢靠了,哪能说条条河道右岸的岩石都没有左岸牢固呢? 一定还有一个什么力作用下使水流有一个向右的冲击力。在这个冲击力的长年累月作用下,河道右边冲刷得就比左岸厉害得多了。

　　这究竟又是什么力在起作用呢?

　　原来,我们生活的地球是一个昼夜不停地旋转着的球体,这就是地球的自转。正是地球自转才使得地球上昼夜分明。这是人们所熟知的自然现象。根据这种地球旋转的自然现象,1835 年法国数学家科里奥利提出了地球自转引起力的理论,就是地转偏向力,也称科里奥利力或称科氏力。根据这个理论,北半球一切运动的物体都受到一个向右的偏向力,南半球都受到一个向左的偏向力。

地球自转怎么能产生偏向力呢？先来看这样一个实验：取一个大圆盘，中心装一个转轴使盘能够转动。拿一个小球在圆盘静止不动时从圆心开始向右运动，其运动迹线是一条直线。最终到达圆盘边缘 A 点（图 5-10（a））。现在让圆盘首先作逆时针转动，在转动开始的同时，小球也开始从圆心作从左到右的运动，当小球到达圆盘边界时，圆盘上的 A 点已经转过若干角度，而圆盘 B 点刚好到达原先 A 点位置，因而当小球运动到圆盘的位置不是 A 点而是 B 点（图 5-10（b）），这样从 A 点来看小球似乎向右偏转了一个角度，作曲线运动到达 B 点（图 5-10（c））。我们再重做这个实验，这时圆盘不是作逆时针旋转而是让它作顺时针旋转，如图 5-10（d）和图 5-10（e）所示，从 A 点来看小球似乎向右偏转了一个角度，作曲线运动到达 C 点。这个实验的要求是小球与圆盘之间在运动时摩擦力越小越好。从这个实验我们可以明显看出，对于圆盘以外的观测者来说，小球始终是作直线运动，方向并没有改变，但是对于圆盘上的某一点来论，小球确实是作了曲线运动，偏离一定方向。这是因为观测的角度不同，把旋转着的圆盘认为不动时，小球对于圆盘确实做了相对的曲线运动。

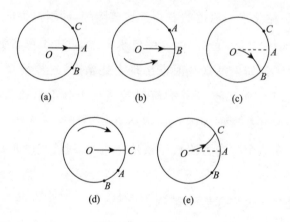

图 5-10　圆盘实验

同理，我们生活着的地球在昼夜不停地旋转。在北半球是逆时针方向旋转，在南半球是顺时针方向旋转。因此可以推知，在地球上一切运动的物体都要受到这个地球自转的影响。在北半球自转影响的结果使运动物体偏离原来轨道不断向右偏转，在南半球自转影响结果使运动的物体也偏离原来运动轨道不断向左偏转。为了更直观地说明问题，从力的平衡观点出发，我们不妨认为此种使运动轨道发生偏离的现象是由于物体受到另外一个力的作用而产生的。在北半球这个力的作用永远在运动物体的右方,迫使运动向右偏离;在南半球这个力的作用永远是在运动物体的左方,迫使运动向左偏离。这个假想力就是地转偏向力也称科氏力。可以想象,地转偏向力本身并不是一个实实在在的力,而是一个具有相当于力作用的外来因素影响的结果。

现在我们回过头来看在北半球为什么河道右侧往往都比较陡峭,河水冲刷的痕迹都比较厉害呢? 这是因为水在河道中运行的时候也受到地转偏向力的影响。在地转偏向力的作用下,水在运动中也有向右偏离的趋势。因此水流就产生了一个向右运动的分速度。虽然这个分速度很小,但右河道就是在它长年累月的冲击下变得远比左河道来得陡峭。水流越急,这种作用越显著。同样道理,在南半球当然左河道来得更陡峭一些了。

在北半球,当空气在气压梯度力作用下开始从高压向低压移动时,地转偏向力也就开始对它施加影响,使它不能按原轨道从高压流向低压而不断地向右偏转。这就造成我们所观测到的实际风向,总不是由高压直接吹向低压的根本原因。这种在地转偏向力作用下迫使空气运动轨道不断向右偏转的现象是不是无休无止地继续下去呢? 还是偏转到一定的角度就不再偏转了呢? 实际情况应该是后者,否则地球上所有的风都应该是旋转风,这是不可能的。实际天气图也可以证实这一点,风并没有打旋转而是沿等压线吹的。这又为什么呢?

图 5-11 是风在气压梯度力与地转偏向力共同作用下的运动迹线图。从图中我们可以看到,A 点空气块在气压梯度力作用下开始向北移动,在移动开始的同时它立即受到从右侧地转偏向力 Q_1 的影响,使它不能向正北移去,在 P、Q_1 力的共同作用下空气块沿 F_1 方向前进到了 B 点,由于空气块在从 A 点移向 B 点过程中,在 F_1 力的作用下(F_1 是 P、Q_1 合力)作匀加速运动,运动速度加快,因此 B 点的地转偏向力 Q_2 比 A 点地转偏向力 Q_1 来得大(地转偏向力大小与运动速度成正比),于是空气块运行在 Q_2 作用下偏离 P_1 方向更多,它们合力方向是 F_2,空气块就沿着 F_2 所指方向移动到了 C 点(在运动中运行方向是不断连续改变的)。在 C 点地转偏向力 Q_3 转到了气压梯度力的反面,其数值是相等的,于是两个力互相抵消取得平衡,这时空气块就按原来速度沿着与 P、Q_3

相垂直方向作匀速直线运动,也就是沿着平行于等压线方向移动。这就与我们在天气图上所看到的风是沿等压线方向吹是大约相同的了。这也就是我们平时在气象学上所讲的地转风。

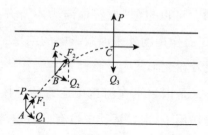

图 5-11　风在气压梯度力与地转偏向力共同作用下运动迹线

P 为气压梯度力;Q 为地转偏向力;F 为合力

从地转风的形成可以很容易地看出,在北半球背风而立高压总是在左方,低压总是在右方。南半球情况刚好相反,低压在左方,高压在右方。这个道理在高空图上看得很明显,在地面图上有一定偏差,产生偏差的原因将在后面谈到。

前面讲了地转偏向力,那么在地球上各个地方地转偏向力大小是否都一样呢? 如果不一样,那么地转偏向力又受哪些因子制约呢? 图 5-12 所示,假设地球上的某一小块中心为 O 的一团空气向外作直线运动,其直线速度为 V,在运动中小块地面以 O 为中心以 Ω 为角速度作逆时针旋转,假设空气运动时与地面没有

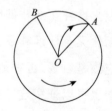

图 5-12　空气运动在地转偏向力作用下情况

摩擦力影响,在 t 时间内空气自 O 点移动到 B 点,但地面转过 $\angle AOB$,即空气若依附地面运动应到达 B 点现在却移到 A 点,在地面上的人看空气移动的迹线为曲线 OA。可见,直线 OA 为空气实际移动路程,直线 OB 为地面上的人估计空气应移动的路程,曲线 OA 是站在地面上感觉到空气移动迹线。好像空气在向内偏转似的,这也就是上面所讲的地转偏向力了。

从图中可以看出:

$$\overset{\frown}{AB} = OA \times \angle AOB = V \cdot t \cdot \Omega \cdot t = V\Omega t^2$$

按照运动学上加速度与距离的关系为:

$$\stackrel{\frown}{AB} = \frac{1}{2}at^2$$

$$a = 2\stackrel{\frown}{AB}/t^2 = 2V\Omega t^2/t^2 = 2V\Omega$$

Ω 是地球转动角速度,就水平方向而言(即地面水平方向转动角速度):

$$\Omega = \omega\sin\varphi \qquad \omega = 2\pi/d$$

$$a = 2V\omega\sin\varphi$$

$$\text{又 } F = ma$$

所以对于单位质量($m=1$)空气来讲地转偏向力:

$$C = 2V\omega\sin\varphi(\varphi \text{ 是地球纬度})$$

从上式可以看出,地转偏向力在地球上各地分布也是不均匀的,在运动速度一样的情况下,在两极最大,在赤道为零。

从图 5-13 来看,地球上不同纬度的四点 A、B、C、D,A 点的水平自转角速度 Z_1 最大,因而地转偏向力也最大;B 点水平自转角速度变为 Z_2,显然比 Z_1 小,因而 B 点地转偏向力也比 A 点小;C 点水平自转角速度 Z_3 更小了,地转偏向力也就更小了;在赤道上 D 点,Z 的水平方向自转角速度变为零,因而地转偏向力也为零。与上面公式推导的结果是一样的。

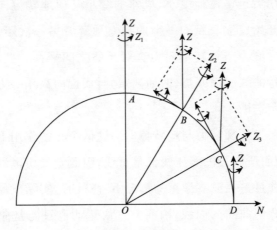

图 5-13　地球上地转偏向力分布情况

前面所讲的地转偏向力其实并不是什么真正的力,它是一种假想的力,这种假想力的基础是建立在地球自转这个基础上的,因此,地转偏向力对于风的形成以及风力的大小都不起任何作用。对于风的形成与大小起作用的主要是

　　我们现在综合看风究竟是怎么吹起来的？吹起来后又是如何前进的？

　　由于地面上各地气压分布不均匀，因而在气压高的地方与气压低的地方之间产生了气压梯度力，在气压梯度力的作用下，空气块就从气压高的地方向气压低的地方移动，因而产生了风。风一旦产生，同时一起也产生了地转偏向力的作用，这个地转偏向力死死地拉住风使它向右偏转。在气压梯度力的作用下，风越刮越大，地转偏向力也越来越大，于是风偏离原先预定轨道也越来越大，当风向转到与气压梯度力方向成 90°夹角时，风就失去气压梯度力的作用不再增加其速度，而是以原有速度作惯性运动，这时地转偏向力也转到与气压梯度力的方向刚好相反的地方形成力的平衡，于是风就沿着与气压梯度力方向成 90°夹角的方向匀速前进。但是这种气压梯度力与地转偏向力取得平衡只能是暂时的相对的。例如，当风从气压梯度力大的地方向气压梯度力小的地方运动时，气压梯度力减小了，而风由于惯性作用仍以原速度前进，因此地转偏向力也不会改变，这样原来的平衡就失去了，风又开始向右偏转偏向高压一方。当风开始向右偏转后，由于气压梯度力已经变小，风速在气压梯度力反向的作用下，通过一段惯性作用后也慢慢地变小，风速的变小又使地转偏向力也跟着变小，于是新的平衡又开始建立。新的平衡的建立孕育着另一次不平衡的开始。风就是这样在气压梯度力与地转偏向力这对矛盾之间平衡—破坏—平衡的过程中沿着等压线弯弯曲线时而开扩、时而狭窄，时而偏向高压一方，时而偏向低压一方不断变化着前进的。

　　风是否仅仅在气压梯度力与地转偏向力这两个力的作用下进行运动的呢？其实不然，我们前面所假设的等压线都是直线，因此空气块也沿着直线运动，风也是沿直线吹的并且是在没有摩擦的情况下进行的。实际上像天气图，等压线并不是直线而是弯弯曲曲的曲线，因而空气块运动也只能是曲线运动，风也是沿曲线吹的，因此这中间还存在一个离心力问题。

三、圆周运动与离心力

　　我们拿一个小球，在小球上拴一根绳子，让小球绕着绳子作圆周运动。大家都知道,当小球作圆周运动时绳子一旦断了,小球就会飞出去不再作圆周运动了。可以想象,小球作圆周运动是因为绳子牵着小球使它不能飞出去而要绕着绳子打转。就小球本身运动来说,它每时每刻都有飞离圆周轨道的趋势。因此,绳子对小球的作用就是每时每刻修正小球飞离圆周轨道的趋势使之循规一些。既然绳子能对小球起着修正运动轨道的作用,就可以肯定绳子对小球一定施加了一个力,不然是不可能发生这个现象的。现在我们知道绳子对小球所施加的力是向心力,向心力是作用在小球上而指向圆心的,如图5-14中的 AO 就表示向心力。

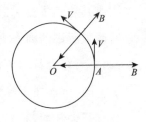

图 5-14　圆周运动

根据牛顿第三定律我们知道,一个物体施加一个作用力于另一个物体,另一个物体反过来也会给予这个物体反作用力。作用力与反作用力大小相等且方向相反,作用于不同物体上。既然在小球作圆周运动时绳子施加给小球一个向心力,那就可以推知小球也将给绳子以一个反作用力,这个力与向心力大小相等且方向相反,如图5-14中 AB,这个力称离心力。在这里应当清楚,向心力与离心力不是施加于同一物体上的,向心力是绳子作用于小球上的力,而离心力是小球作用于绳子上的。两者不能混为一谈。于是,小球就在向心力与离心力取得平衡的情况下作圆周运动。

当小球断掉以后,观测小球运动方向形式,可以发现小球并不沿着离心力所指 OB 方向运动,而是沿 V 方向作惯性运动。这是因为绳子一旦断开,绳子对小球所施加的向心力就没有了,向心力没有了,赖以存在的小球对绳子所施加的离心力也没有了,因而小球就沿着原先的运动方向 V 作惯性运动了。

上面小球运动的例子,是绳子牵着小球作圆周运动,我们现在再来分析一下没有绳子牵的物体作圆周运动的情况。如果仔细观测的话可以发现,每当骑自行车者碰到拐弯时,骑自行车的人和车子都会稍向内侧倾斜,如图5-15。这是因为自行车拐弯时作圆周运动,上面讲了作圆周运动物体都要受到一个向心力

图 5-15　自行车拐弯时

作用,自行车和人向内倾斜的目的,就是在于取得这个向心力,使自行车能顺利地拐弯。对于自行车和人来说车转弯时是保持平衡的,没有因为取得向心力后而失去平衡,可以肯定还有一个反向的指向外的力,同时作用在人和自行车上,才能使其达到平衡。我们称这个力为惯性离心力。惯性离心力大小与上面小球运动中所讲的离心力其实是一样的,只不过所作用的对象不同罢了。可以想象,如果人与自行车不向内倾斜,在圆周运动中在惯性离心力的作用下是会失去平衡的,可能还要摔跤的。

打开天气图,我们可以发现几乎所有的等压线都是弯弯曲曲的,很少看见等压线呈直线状态分布,那么可见风在沿等压线吹时也是无法作直线运动而是作曲线运动的。曲线运动可以看成是很多很多圆周运动的组合而成,只不过是圆周运动的曲率不断改变罢了。可见,风在沿等压线运动时也是一种圆周运动,作圆周运动就会产生一个惯性离心力,作用于流动着的空气上,迫使原来气压梯度力与地转偏向力已经取得的平衡条件失去,在惯性离心力参与下重新平衡。在惯性离心力参与的条件下取得平衡的风,在气象学上称为梯度风。因此梯度风比地转风更接近实际情况。

气压梯度力、地转偏向力、惯性离心力三者之间如何取得平衡呢?先看图 5-16(a),这是高压区情况。在这里,气压梯度力 P 是向外的,惯性离心力 F_1 也是向外的,而地转偏向力 C 是向内的,要取得平衡就必须是 $C=P+F_1$,也就是说地转偏向力要大于气压梯度力而等于气压梯度力与惯性离心力之和,这样才能取得平衡。图 5-16(b)是低压区情况,此图情况相反,气压梯度力 P' 是向

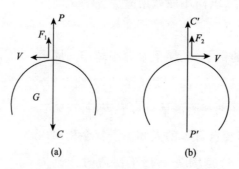

(a)　　　　　　　　(b)

图 5-16　梯度风形成

内的,地转偏向力 C' 是向外的,惯性离心力 F_2 也是向外的,因此这时气压梯度力应大于地转偏向力而等于地转偏向力与惯性离心力之和,即 $P'=C'+F_2$,才能取得平衡。这时,风就会顺着等压线吹,既不会流入,也不会流出。

四、摩擦力

汽车关闭油门后会慢慢地停下来,自行车不用力蹬也会停止不前,我们把一个小球扔在地上不让它滚动,小球也会停止不动。根据牛顿第一定律知道,在没有外力作用下,物体都保持静止或匀速直线运动状态。如果没有外力作用,运动着的汽车、自行车、小球是不会停下来的。汽车、自行车、小球停下来就说明有一个外力施加于这些物体上,迫使它们从运动状态变成静止状态,这个力就是摩擦力。

摩擦力是一种阻碍物体运动的力,所以这种力只有在物体发生运动后才存在,而且总是与运动的方向相反。摩擦力的大小不但与各种物体及物体外表状况有关,而且与运动的状况与速度也有密切关系。表面粗糙的物体摩擦力就大些,表面光滑的物体摩擦力就小些;接触面大的摩擦力就大些,接触面小的摩擦力就小些,物体作移动比作滚动摩擦力来得大,运动速度越大,摩擦力也越大。

现在我们来看摩擦力对空气的运动的作用。

如图 5-17 所示,我们先假设气压梯度力 P 与地转偏向力 C 已经取得平衡,空气沿等压线方向的运动速度 v,已经知道摩擦力总是起阻碍物体运动作用的,它的方向与运动方向相反即图中 f。在 f 力作用下空气的运动速度将变得慢些,也就是说风速要减小,风速减小反过来又影响到地转偏向力 C 也减小($C=2v\sin\varphi$),当然摩擦力自己也要减小,而在此时气压梯度力却是

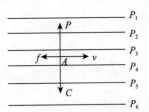

图 5-17 摩擦力参与
下空气运动状况

不变的(它与运动速度无关),因而 P 与 C 就失去平衡,风就转向,转到与等压线成一交角偏于低压方向吹去,而摩擦力 f 也跟着转向,在风速前进相反方向死死拉住它,于是地转偏向力 C 与摩擦力 f 的合力为 F,与气压梯度力 P 达到

了新的平衡,如图 5-18。这样在摩擦力作用下,风就不是沿平行于等压线方向 吹了,而是沿着与等压线有一定交角同时指向低压方向吹去。

上面所说的是在气压梯度力与地转偏向力取得平衡后,在摩擦力参与下取 得新的平衡状况。但是我们应当清楚,摩擦力的作用并不是在气压梯度力与地 转偏向力取得平衡后,风沿等压线吹的情况下才开始的,而是与地转偏向力一 样,从运动一开始就参与进去,一起同地转偏向力对气压梯度力施加影响,风则 是它们之间共同斗争的产物,如图 5-19 所示。

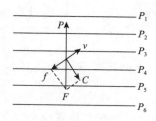 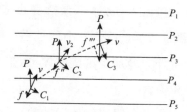

图 5-18 三力平衡　　　　图 5-19 风在气压场中前进迹线与受力情况

摩擦力大小与运动速度有关外,还与产生接触摩擦物体的外表状况有关, 外表越粗糙摩擦力越大,由此可见,低层空气中(1 500 米以下),空气在运动时 与之接触的是地球表面,地球表面粗糙程度很不一样。在这一层中,摩擦力对 空气影响很大是不容忽视的。由于地球表面粗糙程度很不相同,例如,水面相 对说来就比较平坦,因此摩擦力就小些;而陆地表面相对说来粗糙度大些,摩擦 力也大些。就陆地而言,山地丘陵崎岖不平,粗糙度更大,摩擦力也就更大,平 原相对小些。城市的摩擦力又比农村来得大。根据调查统计,海洋上在摩擦力 作用下,空气运动方向(风向)与等压线交角在 15°左右,在陆地上一般则要达 30°左右。

在高层空气运动时与之产生摩擦的只是空气层之间的相对运动而造成的 摩擦力。这种摩擦力很小,一般情况下可以忽略不计。因此,风在高层空气层 中基本上是沿与等压线相平行方向前进的,而在近地层空气中就不能这样讲 了,而应该说风是沿等压线,并与等压线成一交角从高压往低压方向吹 (图 5-20)。于是,在摩擦层空气中高压区内,空气是穿过等压线往外辐散开来, 而低压区内空气则是穿过等压线往中心区辐合。

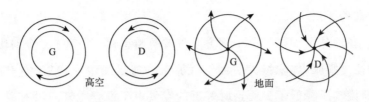

图 5-20　空气在闭合等压线中运动情况

风的形成与发展

在四种力中,气压梯度力是生成风的主要因素。因为只有在存在气压梯度力的条件下,空气才能产生流动生成风。地转偏向力、离心力、摩擦力只是对气压梯度力产生的风起着制约作用。也就是说,在风向和风速方面进行干扰或调整。反过来,如果没有气压梯度力存在,空气不流动,地转偏向力、摩擦力、离心力也就都不存在了。所以,这四种力中对于风的形成起决定作用的只有气压梯度力。它不但关系到风的形成,也关系到风速大小和风的方向。

俗话说"热极生风",这确实是经验之谈。风确实是因为空气受热不均匀而引起的。

我们先做这样一个简单的实验。取来一个煤油灯点上火,盖上灯罩后,如果我们拿一张很薄很薄的纸片放在灯罩上面,可以发现这张纸片会被微微地顶起。相反,如果把这张纸片放在煤油灯中下部气孔外,可以看到与刚才完全相反的情形,纸片不但不会被顶起反而被牢牢地吸住(图 5-21)。这是为什么呢?原来,当煤油灯点着火后,煤油灯内空气由于受热膨胀变轻向上冲去,因此纸片被微微顶起。在煤油灯内,空气由于变轻而从上部流出后,灯内空气就减少,

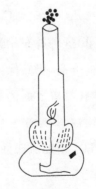

图 5-21　点着后的煤油灯
使纸片上飞

于是四周空气就从煤油灯底部气孔上向煤油灯内流出,纸片就被这个流入的空气牢牢地压在气孔外面。在这里向外流出的空气与向内流入的空气都是以风

的形式存在的。

同理,在地球上如果某一个地方空气受热特别多,气温升高特别快,因而空气体积就往外膨胀,体积增大了而空气原来的质量又没有增多,空气密度就减小了,也就说气压降低了。而这时邻近的空气由于没有得到或没有受到那么多的热量,空气体积没有发生膨胀或膨胀不大,因而密度没有发生变化或变化不大,也就是说气压没有发生什么变化。这样就造成四周邻近的空气密度(或气压)相对来说比中间大(或高),它们之间就产生了气压梯度力,于是四周空气在气压梯度力作用下向中心流去,风就刮起来了。在地转偏向力和摩擦力共同作用下,风只能走一条近似于螺旋形的道路从外向内吹向低压中心。而高压中心则沿着螺旋式的道路从内向外吹。这样,风运动的结果使低压区气流辐合,高压区气流辐散。辐合因得到空气使空气密度变大且气压升高,辐散因丧失空气使空气密度变小且气压降低。照此下去,高压和低压都将很快消失,而永远得不到增强,没有增强更无所谓产生,这样看来,高压与低压也就无法产生,那么地球上就水平方向来说气压将会处处相等,也就不会有风产生。这显然是不符合实际情况的。那么是否说气流的辐合不会使气压增高,气流的辐散不会造成气压的减低呢?这显然又是说不通的。情况究竟是怎么一回事呢?

我们再来看一看煤油灯的例子,煤油灯点火后,灯内空气因受热膨胀,空气密度变小,气压变低,促使四周的冷空气源源不断地往煤油灯里辐合,只要煤油灯亮着,这种补充始终不会停止,也就说明煤油灯内气压没有因为四周空气的辐合而升高,仍然保持低压状况。那么,流进的空气跑到哪里去了呢?前面说了,放在灯罩上面的纸片会被微微地向上掀起,这就说明有空气从上面跑出。现在明白了,原来从底部流进去的空气从上面跑出来了,难怪煤油灯外的空气虽源源不断地从四面八方给灯内空气以补充,而灯内的气压始终保持比四周低的状况不变。

同理,空气运动时并不是整个空气层都做同一运动,相反,整个空气层在运动时被分成两个或几个空气层次,而每一个空气层次厚薄、高低、运动形式也各不相同,这样就造成各种错综复杂的风场形式。

如图 5-22 所示,地面为高压区,风从高压中心沿螺旋式顺时针方向向外吹出,气流辐散,按理说这中心气压因空气外流应当降低,但是这时在高压区上空立刻有下沉气流来补充,空气在地面将源源不断地流走,而高空气流又源源不断地下来补充。这是使得高压得以维持的一个重要原因。可见,在高压区辐散流场的上方一定存在一个低压区辐合流场。上空这个辐合流场一部分下沉补充地面辐散流场,一部分上升到更高一层上空引起辐散。当上空这个辐合流场下沉部分的气流比地面高压区辐散流场辐散气流强,高压区中心空气就会越积越多,气压越来越高,于是高压就得到发展,从高压中心往外吹的风也越来越大。如果上空这个辐合流场下沉部分气流比地面高压区辐散气流弱,高压区内的空气会因为得不偿失而使自身气压慢慢下降,高压就处于消亡阶段,风也逐渐停下来。这样看来,上层辐合流场对下层高压发展和消亡有着很大的影响。地面高压的发展和消亡又同时对上层辐合流场以很大影响,例如,地面高压发展由于内部空气积累越来越多,可以造成高压区层次向上扩展,迫使上层辐散流场逐渐削弱和向更高层转移。

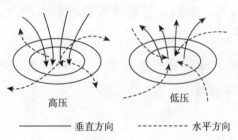

高压　　　　　　　低压

———— 垂直方向　　--------- 水平方向

图 5-22　简易高低压环流模式

现在再来看看地面低压的情况。这时底层为辐合流场,风沿螺旋式反时针方向从外面不断向里吹,空气不断向中心辐合集中。按理说,中心气压应当随着空气不断集中而升高,使低压填塞。但是实际情况不是这样。低压区内辐合流场气流辐合结果迫使低压中心空气往空中上升(因为底部是地面,所以无法下降,这与上述高空情况不同),空气上升到一定高度就往四周散开。可见,地面为辐合流场时,上空一定存在辐散场,把地面辐合气流再通过高空辐散开来。如果上层辐散的速度大于地面辐合速度,那么内部气压会因失多得少而越来越低,低压就发展,于是从四面八方往低压中心吹的风也越来越大。假若上层辐散速度小于地面辐合速度,那么低压内部会因空气得多失少使气压慢慢上升最终填塞,因而风也逐渐停止。与上面一样,地面低压的发展与填塞反过来又给高层的辐散(高压)以影响。

自然界,任何事物都有它生成发展的过程,也必然有它衰退消亡的历史。低压与高压也是一样,当它生成以后就逐渐地经过发展、衰弱,最终走向消亡。旧的高压、低压衰退了,新的高压、低压又生成了。大自然就是这样在充满旧的灭亡、新的产生的过程中不断发展。

风的种类

风可以根据其生成原因与风力大小来进行分类。风的生成原因也是多种多样的,有大范围的属于全球环流一部分,如信风;也有小范围的局部原因引起的,如山谷风、龙卷风等。我们这里就将根据其形成原因,概括说明几种常见的风。

根据形成原因,风可以分成很多种类,主要有信风、季风、海陆风、山谷风、气旋风与反气旋风、锋面风。

一、信风

这是由于地球南北间空气对流作用并在地转偏向力影响下形成的风。这种风之所以被称为信风,是因为其风向一年到头很少变化。

信风形成的原因前面已经讲了,这里就讲一下全球信风分布的基本状况。

从赤道以北到副热带高压之间,一年到头吹的是东北风也称东北信风。因此,这一宽广地带就称为东北信风带。从副热带高压到副极地低压带一年到头吹的全是偏西风或西南风,因此这一宽广地区就称为西风带。从副极地低压到极地高压之间一年到头吹的尽是偏东风,这一带就称为极地东风带。

从赤道往南到南半球副热带高压之间吹的是东南风,这一带就称为东南信风带。从南半球副热带高压到南半球副极地低压带之间一年到头吹的是偏西风或西北风,这一带就称为西风带。从南半球副极地低压带到南极地高压之间吹的是偏东风,这一带称为极地东风带。

二、季风

顾名思义是一种随季节而变化的风。季风是除大型环流信风之外的另一种具有较大范围的风。这部分风是因地球上海陆分布而引起的。我国是著名季风盛行地区,现就以我国为例说明季风的形成。

打开世界地图可以发现,在我国东面是广阔无垠的太平洋,南面是水波浩淼的印度洋,而在我国的西部北部是一个山峦起伏的广阔的欧亚大陆。这样就形成了我国东南部是波浪连天的宽广水域,而西北部却是山脉连绵的宽广大陆。

夏天,由于太阳直射点北移,北半球所受太阳光照增多,所得热量也多。但是光照多并不等于所得热量多,所得热量多并不等于温度就升得快,这是为什么呢?

我们先来做这样一个实验,拿一块玻璃镜和一碗沙(两者表面积相等)一起放在太阳底下晒,它们所得光照是一样的,过了一定时间,用手接触二者表面可以发现它们之间温度相差很多。沙是滚烫的,镜面却一点也不觉得热。这是为什么呢?这是因为,镜面是一个水平面表面很光滑,当太阳光照射到镜面时大部分光线被镜面反射回去,这样镜面所能得到的实际光照来说就显得很少了,所得热量也少,温度上升当然不快,因而用手去接触并不觉得热。相反沙面的表面则显得很粗糙,当太阳光照射在沙面上时只有一部分产生漫反射,漫反射与镜面反射不一样,镜面反射光线不可能再为镜面所吸收,漫反射光线却有一部分能重新为沙面所吸收(这是因为某一点上产生的漫反射射线有可能刚好又射回到沙面)。这样,照射在沙面上的光线有一大部分被沙面所吸收,因而沙面上吸收热量就多。另一方面,粗糙的表面与光滑镜面比较,其表面积比镜面大多了,受热面积也大,得到热量也多。两方面原因共同造成,沙面温度当然也上升快些。

从这个例子可以看出,光照虽然一样,不同的表面状况所得到的热量是不

第五章 风

一样的。

我们现在再来做一个实验。称同样重量的水与铁,先将铁放在铝锅内用煤油炉加热,加热一定时间后用温度表测量铁块温度,然后取另一个同样格式的铝锅,放进水也放在煤油炉上加热,加热时间与前面一样,也用温度表测量水温,试验结果可以发现铁的温度比水的温度高许多。在这里是同一个煤油炉,加热时间又一样,火苗也一样大,供给铁和水的热量也基本一样,而水和铁的温度又为什么差那么多呢?原来,不同物质得到同样的热量升高的温度也是不一样的。表征这个量值范围,在物理学上称为比热容。比热容就是单位质量物体升高 1℃所需要的热量,在所有物质中水的比热容最大为 1 卡/(克·度)。从这个试验可以看出,同样的热量对于不同的物质所升高的温度却是不一样的。

再回到地球上来看,夏季北半球光照都很强,就同纬度来讲,太阳所给予的光照几乎相同。由于海面、洋面是水平面,而陆地表面却是山势起伏、房屋林立等原因,所以一般情况下海面、洋面比陆地表面平坦得多。根据上面所说,虽然光照一样,而海面、洋面所得到的实际热量比陆地表面来得少。另外,组成海与洋的主要是水,而组成陆地的主要是岩石、土壤,两者比热容相差很大,同样的热量对于水和岩来讲,温度升高可相差好几度。第三个原因,地表是固定的,海面、洋面却是流动的水,它既可以通过水流把热量输向很远的地方,也可以通过波动、扰动把热量传向深处水域。上述三个原因造成了陆地表面的温度在夏季高于海面、洋面水的温度。

空气的温度主要是靠吸收地面长波辐射来增加的。因为陆地表面温度高,所以辐射强烈,空气能够得到充分加热造成地面气温也高。相反,海面、洋面由于水温较低辐射就显得不如陆地表面强烈,因而海面、洋面上空气得不到充分加热,气温相对于陆地来讲就显得低一些或低许多。

根据温度和气压的关系可以知道,温度高的一般情况下气压就低,温度低的一般情况下气压就高,可以推知陆地气压在夏季就比海面来得低。

由于海面、洋面气压高,陆地上气压低,于是就产生一个从海面、洋面指向陆地的气压梯度力,在这个气压梯度力的作用下,空气就开始从海面、洋面向陆地上流动,进而形成了风。

我国东南面是水波连天的浩瀚海洋,西北部是宽广的欧亚大陆,在夏季风从海洋上往陆地上吹,因此夏季多盛行东南风也称东南季风。这种东南季风往往比东北信风强,所以夏季我国东北信风反而往往显得很弱,很不明显,东南季风却强有劲,它可以控制我国大部分地区。

　　在冬季,由于太阳光照直射点往南移去,北半球光照普遍减少,特别是北极却是处于永夜状况根本得不到太阳光,而地表却还要辐射散失热量。这时就整个北半球来讲,从太阳光照所得到的热量少于地球表面本身向太空辐射散失的热量,就平均情况来讲,北半球的冬季是处于降温状况之中。

　　我们再来看这样一种情况:取同样质量的铁和水放在锅内加热至沸腾,温度都是100℃,然后将火撤去,把铁从沸腾的水中取出,放在一边,过一定时间用手去摸铁和水,可以感到铁已经很冷了,而水却还很暖和。这是为什么呢?这是因为同样质量的铁和水在相同温度时,由于水的比热容比铁大得多,因而水就比铁储存更多的热量,当开始冷却时铁由于储存热量少,就会很快散失,相反水储存的能量很多可以慢慢地散失。即使在相同的时间内,水和铁散失同样热量(实际情况并不一样,在相同温度情况下铁散失热量快),铁降低温度的代价要比水大多了,这就是为什么铁已经很冷了而水还很暖和的原因所在。

　　因为粗糙的表面比光滑表面的表面积大,所以就散失热量来说,粗糙表面散热就比平坦的平面来得厉害,这是因为粗糙表面有效辐射面大的缘故。

　　综上所述,不难得出结论:冬季,崎岖不平的陆地失热很多;而海面洋面一则比较平坦有效辐射失热比陆地少,二则水的比热容高储存了很多热量以供散发,三则水流作用远处流来较暖水流可提供一定热量以补偿辐射散失热量,四则当水表面因辐射散失热量降低温度后,深层的储存热量也会上来补充,使其温度少降低一些甚至不降低。由此可见,海面洋面与陆地表面比较起来降温速度小得多,也就是说冬季海水温度比陆地温度高得多。

　　既然冬季海水温度比陆地温度高,那么海面上的气温就比陆地上的气温高。根据气压与温度关系原理可知,冬季陆地上是一个高压带,海洋上是一个低压带,因而也产生了一个从陆地指向海洋的气压梯度力。在此力作用下,陆地上冷空气就向海洋方面流去产生了风。我国冬季大多吹西北风也称西北季风。寒潮南下路径从总的趋势来讲,也大部分从西北向东南移动,这也基本上是由于海陆分布呈东南—西北分布造成的。

三、海陆风

生活在沿海地区的人们都会有这样的感觉,在晴好的天气情况下,白天的风多数是从海面往陆地上吹;夜晚却相反,大多数风是从陆地上往海上刮。这就是我们平常所讲的海陆风。

形成海陆风的原因与形成季风的原因基本相同。白天,阳光照在海上与陆地上,陆地上温度相比较比海上温度升得快,因此陆地上气温比海面上气温高。陆地上气温高空气膨胀变轻气压变低,相反海面上气压却比陆地上高多了。于是,气压梯度力就从海上指向陆地,因而风就从海上往陆地上吹,这样白天多吹海风。

晚上情况正好相反,陆地上散热比海上散热来得快,陆地上温度就比海上来得低,这样,陆地上气压比海面上气压高,气压梯度力就从陆地指向海面,风也就从陆地上往海上吹,因而晚上多吹陆风。

海陆风一般要形成于单一气团控制下的晴好天气,这是因为在单一气团控制下的晴好天气里,白天光照充足,容易形成海陆温差,晚上辐射散热才能有效进行,形成海陆风温差,海陆温差越大,海陆风也越大。如果是阴雨天气,白天阳光被云层阻挡住陆地上增温不明显,晚上辐散也被云层阻挡散热也不显著,这样都不可能产生海陆风。另外,阴雨天气如果是系统天气影响,那么系统天气所造成的风力也远大于海陆风风力,因而更不可能出现海陆风。

海陆风对于沿海地区的天气情况起着很好的调节作用。例如,夏季,白天陆上因太阳强烈照射气温升高很快,这时风从海上刮来带来海上较凉爽空气,对陆地上起着很好的降温祛暑作用,这是内陆地区人们所无法享受的。冬季,晚上风从海面往陆地上刮,带来海上较暖和空气从某种方面给地面上散失的热量以一定的补偿,使地面温度不致降低很快,这样就造成沿海地区比内陆地区暖和一些(图 5-23)。

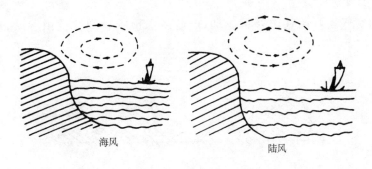

海风   陆风

图 5-23　海陆风形成

四、山谷风

海陆风是发生在沿海地区局部性的天气现象,山谷风则是发生在山区地带的局部性天气现象。

在山区的人们都会有这样的感觉,白天,风顺着山坡往上吹,而一到晚上情况就变了,风是顺着山坡往下吹的。这种现象又是怎样产生的呢? 这首先还是要抓住太阳光照这个主要因素进行剖析才能搞清楚。在山区,太阳出来后首先是照在山顶上,其后再照到山坡上,只有等太阳升到足够高的时候才能照射到山谷中。当山顶上、山坡上开始受到太阳光照温度上升时,山谷里还没有得到光照,温度还比较低,这样,山坡、山峰上的气压就变得比山谷低,于是空气就开始从山谷往山坡上移动,风就从山谷往山坡上吹,这就是我们所要讲的谷风。有人也许会问:气压分布本身就是随高度的上升而减小的,是否会产生风每天都从下往上刮呢? 我们说那是因为地心引力作用使气压随高度上升而降低,在正常情况下,空气是并不会自动往上移动的,这是因为地心引力与向上的气压梯度力取得平衡的缘故。只有在上面空气比正常分布状况还要低的情况下(如上面所说的现象),新的气压梯度力产生,这个气压梯度力大于地心引力,上述平衡被破坏了,空气才开始往上移动。

到了晚上,山顶上散热快,山坡上也比较快,散失热量就多,温度下降快,气压就升高。相反,在山谷里由于四面山坡阻挡,辐散不能有效地进行,反而山坡上辐散热量还有一部分向山谷里输送,使山谷里热量得到一定补充,这样山谷里晚上气温下降得就慢,相对于山坡、山顶来说,气温比较高,气压比较低,所以山坡上的空气就开始往山谷里流动,风就从山顶顺着山坡往山谷吹,形成山风(图 5-24)。

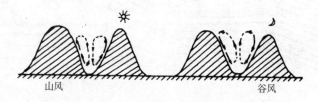

图 5-24　山谷风形成

五、气旋与反气旋的风

在低压区,由于内部气压比四周气压低,因而气压梯度力总是从外面指向低压中心,这样气流方向总是从四周向中心辐合,在地转偏向力的作用下和地面摩擦力的影响下,在低压区空气总是逆时针方向沿螺旋式路线从四周向中心辐合,也称气旋。

从图 5-25 我们可以明显看出,低压区内风向到处都在发生变化。在低压区右上方基本上吹东南风,在低压区左上方基本上吹东北风,从东南风向东北风的过渡区域是吹东风。在低压区左下方吹的是西北风,从东北风向西北风过

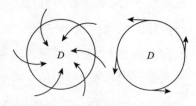

图 5-25　低压区内气流

渡的区域是吹北风。在低压区右下方吹的是西南风,从西北风向西南风过渡区域则是吹西风。从西南风向东南风过渡区域则是吹南风。

知道了低压区内的风向分布,我们就很容易从测站的风向知道我们在低压区内所处的位置,特别是台风季节,沿海地区更容易从本站的风向来判别台风位于测站的方位,或台风是否已移过测站,或正在正面袭击测站,能做出很好判断。

在高压区内,由于内部气压比四周气压高,因而气压梯度力总是从内部指向外部四周气压比较低的地区,这样空气就从中心向四周流出,风就从内部往外部吹,在地转偏向力的作用下和地面摩擦力的影响下,高压区的气流方向是顺时针方向沿螺旋式路线从内部往外面吹的,整个气流是辐散的,气象学上称

做反气旋(图5-26)。

在高压区的右上方吹西北风,在高压区的右下方吹东北风,在两个风向转向的地区则吹的是北风。在高压区左下方吹的是东南风,在东北风和东南风转换地区吹的是东风。在高压区的左

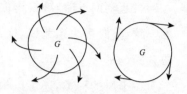

图5-26 高压区内气流

上方吹的是西南风,在东南风与西南风转换地区吹的是南风。在西南风与西北风的交换地方吹的是西风。

知道了高压区内的风向分布,我们也会很容易地从本地风向判断出本地在高压区内所处位置,特别是寒潮爆发南下时,可以从本地风向转变清楚地看出本地是否已受冷高压控制,以此作为参考,将十分有助于我们预报未来天气情况。

六、锋面风

如前所述,锋是两种不同性质的气团发生相对运动时,在其交界面发生相互作用,这个交界面就叫做锋,也称锋面。

锋面既然是两种不同性质气团的交界面,因此锋前与锋后的风有很大变化,同时要维持大气中锋面的存在,锋面两侧的风应该为一气旋式切变,这种切变或者是风向切变或者是风速切变或者既有风向切变也有风速切变。这种情况在近地层中由于摩擦力影响变得尤为明显。

当冷锋走向为东北—西南时,锋前多为西南风,锋后多为西北风,见图5-27(a)。

当暖锋走向为西北—东南时,锋后多为南风或西南风,锋前多为东南风,如图5-27(b)所示。

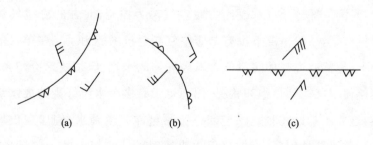

(a)　　　　　　(b)　　　　　　(c)

图5-27 锋面风向

当寒潮南下时,冷锋走向近于东西时,锋前锋后风向往往一致,然而风速却不一致,风向多为东北风,锋后风速远大于锋前,形成风速上的气旋式切变,如图 5-27(c)。

关于风的种类,还可以根据风的速度大小来进行划分,这里不再详述。

风谚语精解

春南夏北,等不到天黑

春南夏北,有风必雨

春天,在长江流域随着热赤道北移,北方冷空气势力开始衰退,南方暖空气势力开始增强,向北挺进,冷暖空气交汇地带也逐渐开始北移。但是,这时冷空气势力还相当大,还可以控制一大片地方。相反,南方暖空气势力虽开始增强,但其势力尚不足以把北方冷空气顶跑,因此其表现为一股股向北挺进的状况。

当南方暖空气经过一定时间积累力量以后,向北挺进,这时吹南风。南方来的暖空气带来相当充沛的水汽,当它与冷空气接触后沿冷空气斜面爬升,并逐渐冷却。同时,在与冷空气接触过程中,通过自身热量交换也使温度降低。温度的降低引起空气所能容纳的水汽能力也降低,这样就使原来的水汽有相当一部分变为多余水汽凝结成水滴形成云。随着温度继续降低,凝结出的水滴也越来越多,当水滴多到一定程度就会发生降水。因此说,春天吹南风,天气将转为阴雨。

夏天,我国大部分地区都受南方暖空气势力控制,北方的冷空气势力已经降低到最低点了,一般情况下没有与暖空气相对抗的能力了。在单一的暖空气势力控制下,虽然南方来的暖空气含有较充沛的水汽,但是缺乏冷却条件,所以还是不能够使空气达到过饱和状况,因而也没有多余水汽好凝结成水滴成云降水。当然,这并不是说在暖空气控制下都不可能产生降水,例如在山地影响或热力作用下都可能发生降水,但这仅仅是暂时的或小范围的天气现象,不可能产生大范围的阴雨天气。如果这时北方的冷空气经过一定时间积蓄力量后开始南下,冷空气南下,多吹偏北风,情况就不一样了。北来的冷空气像楔子一样插入原来暖空气底部,迫使暖空气大范围抬升,暖空气被大范围抬升后绝热冷却温度降低,终于使空气中的水汽完成了从未饱和向饱和转化,大量多余水汽被凝结成水滴形成云。随着温度继续降低,越来越多水汽被凝结成水滴。当水滴多到一定程度后,就开始发生降水。因此,夏天吹北风,天气也将转坏。

这里讲的南风、北风都是由于大范围空气流动所引起的,对于因局部地形影响而产生的局部地带风向,另当别论。

早西暮东风,正是旱天公

早西夜东风,日日好天公

早西晚东风,晒得海底空

晚上起东风,明日太阳红彤彤

这是我国沿海地区流传的几句谚语,意思是白天(午后到傍晚)吹东风,晚上和清晨吹西风,一般都是晴好天气。这是为什么呢?

原来,我国大部分沿海地区东面濒临大海,西面紧靠大陆。

夏季,白天火辣辣的太阳晒在陆地上,由于陆地上是由岩石和土壤组成,热容很小,一旦受热,温度升高很快,气温也随着迅速上升。空气受热膨胀体积变大,密度变小,气压降低。相反,海水在太阳光照射下,由于它的热容很大,水温升高得不快,再加上水是流动的液体,可以把热量下传到海水深处或随海流散失,这样水温上升得更慢。水温升得慢,水面空气升温也慢,与陆地相比较气温就显得很低,空气密度当然就比陆地上来得大,气压也比陆地上来得高。这就产生了一个从海面指向陆地的气压梯度力,风也就从海上往陆地上刮,前面讲了我国大部分沿海地区东临大海,所吹的风就是东风,也称海风。这种情况在午后到傍晚最为明显。

夜晚,陆地上由于它的热容小,存热不多,散热厉害,温度急剧下降,气温也跟着急剧下降,它与白天相比较有时日温差可达 10~20℃ 左右。气温下降的结果使空气体积缩小,密度增大,气压也跟着增大。这时海上呈现出另一番景象。由于海水热容大,储存大量热量供其慢慢散失,散热速度也慢,因此水温降低不多,海上日温差只有 $1\sim2℃$ 左右,因而海面气温也不会有多大下降,与陆地相比,这时海上气温却比陆上高了许多,气压也就低了许多,于是产生一个从陆地指向海面的气压梯度力,风就从陆地往海上刮了,也就是说吹西风了,也称陆风,这种情况在清晨最为明显。

这种海陆风现象只有在单一气团控制下和晴好天气下方能产生。

这是因为,晴朗的天气白天可能使地面大量地接受太阳光照迅速升温,晚上热量也能够迅速辐散降低温度,造成海陆温差变大方能产生海陆风,同时海陆风风力一般较小。如果有天气系统影响,风力较大,那么海陆风根本无法表现出来。因此,从海陆风的存在可以看出本地仍受单一气团控制,没有明显天气系统影响,可以预兆未来天气仍为晴好天气。

五月南风要下雨,六月南风海也枯

这是在长江流域比较适用的一条谚语,意思是,农历五月(公历 6 月)如果吹南风就会下雨,到了农历六月(公历 7 月)如果再吹南风就不会下雨了。

农历五月吹南风为什么会下雨呢? 这是由于当时长江流域天气形势所决定的。农历五月正是春末夏初。这时,北方冷空气势力虽然已经衰退,强度也开始减弱,但它的势力还是可以控制长江流域一带。而南方暖空气势力已逐渐加强步步逼近,这时它向北挺进的势力也恰好可以到长江中下游一带。这样,冷暖空气势力在长江流域交汇形成静止锋天气,也就是长江流域梅雨天气。

农历五月吹南风,说明南来的暖湿空气能源源不断地到达长江流域,暖湿空气在锋面上爬升。上升空气由于高层空气压力较低,因而体积膨胀,温度不断降低,容纳水汽的能力也就不断降低,多余水汽就不断地被凝结成小水滴形成大片大片的云层。随着水滴增多,降水也就发生。因此,五月只要有南风源源不断地补充水汽,这种现象就能不断持续下去,也就出现连阴雨天气。

农历六月(公历 7 月),这时太阳光照已经明显偏北,冷空气势力进一步退缩到黄淮流域,暖空气势力进一步加强,伸到黄淮地区,在黄淮流域形成静止锋。长江流域已经全部受南来暖空气势力控制。这时再吹南风,虽有充沛水汽供给,由于得不到锋面抬升作用,水汽虽多也不能达到饱和,更无多余水汽形成云与降水,所以天气一般总是晴好的。即使在地形作用或热力影响下可能造成地方性热雷雨,也只是局部现象,并不代表大范围天气过程。而且,地形雷雨、地方性雷雨范围也比较小,时间也短。

东风急,备蓑笠

东风急,戴斗笠,风急云起,愈急必雨

东风当日雨

不刮东风不下雨,不刮西风天不晴

这些谚语共同一个意思,是说:吹东风,要下雨。一般说来,它们适用于冬季,春秋季有一定参考价值。对于夏季,就不那么适用了。

我国是一个季风盛行的国家。夏季风从海上往大陆上吹,多偏东风,冬季风从陆上往海上吹,因此多吹偏西风。这主要是因为我国东面、南面是宽广的大海,西面、北面是无垠的陆地,夏季海上的气压比大陆高,风从海上往陆地上刮,冬季大陆气压比海上高,因此风从陆上往海上刮。

我国冬季基本上受大陆高压控制,北方冷空气经常侵入我国,多吹北风或偏北风。北方冷空气一般比较干燥,水汽很少,因此不可能成云致雨,只有在冷空气势力有时稍显衰弱的时候,南方暖空气乘隙而入,这时才多吹偏东风。南方暖湿空气在乘隙而入的过程中顺着冷空气往上爬升,整层暖湿空气被抬升。在抬升过程中、暖空气温度逐渐降低,多余水汽凝结成水滴,就造成阴雨天气,所以说,冬季吹东风要下雨。

春季,北方冷空气虽显衰弱,但其势力远没有退出我国,还控制着我国相当一部分地区,这时如果吹东风,说明南方暖空气势力开始加强向北挺进,挺进的暖湿空气如果遇到干冷的北方冷空气就发生交汇,在交汇面上暖湿空气也同样在冷空气斜面上爬升形成阴雨天气。秋季,南方暖空气开始减弱南退,北方冷空气开始大举入侵控制我国广大地区,此季多吹西北风而且很强。如果吹东风,一则说明是冷空气势力稍有减弱,二则说明暖空气势力有所加强,而东面来的暖空气带来很多水汽与冷空气相遇也容易造成阴雨天气。

这些谚语一般说来也只适用于长江流域和黄淮流域一带,对于别的地方就不见得很适用。例如在南岭以南,北方虽然是已经进入秋天并开始受冷空气控制或影响,但是这里却仍然受暖空气控制,如果吹东风,就不见得要下雨。

南风吹到底,北风来还礼

西南转西北,搓绳来绊屋

在冬半年,我国大陆基本上是受北方冷空气控制。而冷空气控制的形式主要表现为北方冷空气一次次南下的过程,在南下中逐渐变性后东移入海。后面又一次冷空气来了,就把前面变性的冷空气赶走,这就表现为一个典型的冷锋过程。

锋前在变性冷高压东移入海后,在长江流域地区处于入海高压后部控制,多吹东南—西南风。这时,暖湿空气暂时占优势,与北方冷空气交汇造成冷锋锋面的阴雨天气。冷锋移过后又转受北方新来冷高压控制,在高压前部多吹西北风。因为这时处于高压前部,气压梯度较大,风力更大,比高压后部的风力大许多。

"南风吹到底,北风来还礼",意思是说偏南风吹到后头就要变成偏北风了,也就是前面所说的冷锋前部风力的转变过程。

"西南转西北,搓绳来绊屋",意思是说当西南风转西北风时,风力要加大,因此要搓绳拌屋,这也深刻地反映了锋后的风力远大于锋前的风力这个事实。

一年三季东风雨,只有夏季是晴天

四季东风有雨下,只怕东风刮不大

一年三季东南雨,唯有夏季东南晴

四季东风四季下,只怕东风吹不大

我国东面濒临大海,刮东风表示海面上潮湿的暖空气源源不断移来,充沛的水汽是造成降水的决定因素。不论任何形式的降水,都要有水汽,这是先决条件。可见吹东风,水汽这个先决条件已经具备,为降水造成一个良好环境。有了充分水汽并不等于就会下雨,还要有使水汽转化为水滴才能成云致雨。这个条件在冬、春、秋三季也是具备的。在这三季,北方冷空气要么控制本地,暖空气在冷空气面上爬升经过绝热冷却也可成云致雨;要么北方冷空气频繁南下，在南下过程中它像楔子一样打入暖空气底部，迫使暖空气抬升，绝热冷却，也可致雨。在夏季就没有冷空气这个有效的抬升作用，一般情况下是不可能造成大范围下雨的，这就是"一年三季东南雨，唯有夏季东南晴"谚语的含义所在。但是夏季是否吹东风就不会下雨呢？我们说是，也不是。如果问：夏季吹东风是否会造成大范围降水天气或长期连阴雨天气？那么我们就可以回答：这是不可能的。如果问：夏季吹东风是否不会产生任何形式降水？那么我们就可以回答：不是。

　　情况是这样的，如果东风很大，水汽很充沛。因为夏季白天太阳升高后容易产生对流，充足的水汽给对流发展造成一个很好条件，这时如果水汽很充沛，对流开始后空气稍一抬升，水汽立刻达到饱和，以后水汽就凝结成水滴。在水汽凝结成水滴过程中放出潜热使上升空气增温，这样有利于上升空气块温度永远处于比环境温度高的状况，从而使对流更进一步发展，结果反过来又使更大量水汽凝结成水滴，地方性热雷雨就往往在这样的时候发生发展起来的。虽然这种地方性热雷雨时间短，范围小，有时雨量却很大。同样，地形雷雨也是有利于产生的。总之，吹东风还是可以发生降水的，难怪气象谚语说"四季东风有雨下，只怕东风吹不大"，情况确实是这样的。

　　十二月南风要下雨
　　三月南风要下雨
　　农历十二月正是隆冬季节，北方冷空气一股股南下，我国大部分地区受北方冷空气控制，在冷空气一次次南下过程中出现一回回冷锋天气过程，整个冬季就是这样，前面的一个冷空气移走，后面的冷空气又移来的不断连续过程。

　　在本地，如果处于冷锋前部，变性高压后部，多刮偏南风。由于我国南部、东部是广阔的海域。风从东南面海上吹来，空气既较暖和，又带来了充沛水汽。暖湿空气在变性高压后部暂时占优势地位。可是偏南风的出现既说明前面一个高压要移走，也说明后面一个高压将要移来。当后面一个高压移来后，暖湿空气就将在冷空气作用下被整层抬升，体积不断膨胀，使自身温度不断下降，使原来水汽被凝结成水滴造成大范围的阴雨天气，也可能下雪。因此气象谚语说

"十二月南风要下雨"。

农历三月（公历 4 月）已经进入初春季节。这时，北方冷空气已经开始减弱，但它的势力还是可以控制我国大部分地区，而南方暖空气势力开始增强，也开始不断向北侵袭。如果北方冷空气一旦稍有后退，南方暖空气就会乘隙而入，本地就会吹南风，但是毕竟暖空气势力还很弱，不可能把冷空气赶走，只能在冷空气斜面爬升，暖空气在爬升过程中气温不断下降，水汽不断被凝结成水滴而造成阴雨天气，所以说"三月南风要下雨"。

久旱西风更不雨，久雨东风更不晴

天旱东风不下雨，水涝西风不晴天

这两条谚语看上去很矛盾：一条说东风要雨"，一条说东风要晴；一条说西风要晴，一条说西风要雨。究竟是什么意思，它们矛盾吗？其实这两条谚语分别表明两个不同时令的天气过程，应当分别应用。前者运用于春秋两季，后者只适用于夏季。

天旱一般说来由两种原因造成，一是缺乏成云致雨的水汽，二是缺乏有效的动力作用。

我国的西部是与无垠的大陆相连，风若从西吹来，就不可能带来充沛的水汽。这时天旱是由于缺乏水汽造成的，就更不可能下雨。例如，在冬、春、秋三季（特别在冬季），我国大陆大部分地区受北方冷空气控制，大陆上盛行西北气流。这种气流只能带来阴冷干燥的空气。"久旱西风更不雨"正是这个意思，也适用于这个时令。在夏季就不一样，这时我国大部分地区都处于副热带高压控制之下，东南季风盛行。在副高控制下，天气晴好也可能造成天旱，这并不是因为缺乏水汽造成的，而是因为缺乏使暖湿空气全面抬升的外力作用。这时，如果再吹东风，动力因素照样不能解决，天气还是下不了雨，因此气象谚语才说"天旱东风不下雨"，这条谚语适用于这个时令。相反，这时如果有一股西北气流南下，将暖湿空气全面抬升，有了动力作用，阴雨天气当然可以形成。夏季，暖湿气流本来就很强，水汽很充沛，如有源源不断的西北气流前来起作有效抬升作用，阴雨天气可以继续下去，"水涝西风不晴天"正是这个意思，也适用于这个时令。

在冬季，要下雨只有吹东风带来充分的水汽，才可能造成阴雨天气。由于冬季动力条件并不缺乏，只要有源源不断的暖湿气流补充，下雨就可能一直持续下去，"久雨东风更不晴"正是这个意思，也适用于这个时令。

用不同的方法解决不同的矛盾，解释不同的天气过程，这对于预报工作是非常重要的。以上两条谚语如果颠倒使用，那就可能出现很大差错。特别在春秋季节冷暖空气交换控制的时候，更应该注意天气动向和造成天气的主要原因，进行综合判断作出分析，那才比较可靠。

春东风，雨祖宗；春南风，雨通通

久雨西风晴，春发东风连夜雨

在春季，由于北方冷空气开始衰退，南方暖空气势力开始增强，两者势力在长江流域一带展开激烈搏斗，你争我夺，推来推去，形成静止锋天气，造成长时间的连绵阴雨。但是，这种静止锋并不可能一成不变，经过一段时间相持阶段后，如果这时西北方有新的冷空气南下补充，西北方冷空气势力大举向南推进，迫使南方暖空气步步后退，这样就形成一条冷锋，而暖空气在被西北冷空气逼迫下后退的过程中向东北方向转移，在东北方向上暖空气向冷空气展开进攻也逼使东北方冷空气后退形成暖锋，但由于冷空气较重不易推动，这样暖锋移动很慢，而西北方冷空气势力很强，冷锋移动很快，终于后面冷锋赶上前面暖锋形成锢囚锋，形成了气旋。在锢囚锋前部，东北面是冷空气气压高，西南面是暖空气气压低，因此吹偏东风，可见在吹偏东风以后随着气旋中心移来，在气旋中心，暖空气被冷空气挟持下被迫上升，形成范围广泛的阴雨天气。这就是气象谚语所说的"春东风，雨祖宗"。在锢囚锋后部，西北方南下冷空气势力强大与前面暖空气形成很大气压差，这样就刮西北风，而且风力较大，可见在刮西北风后气旋中心已经逐渐移离本地，本地已经处于气旋后部，不久将要转受北方新来的冷高压控制，阴雨天气即将结束，天气转好。所以说，"久雨西风晴"是很有道理的。

东南风，燥烘烘

夏季，副热带高压西伸控制我国东南部及中部地区，盛行东南季风。在副热带高压控制下,东南风虽然可以带来较为充沛的水汽,但是在高压区内盛行下沉气流,暖湿空气得不到动力抬升作用无法成云致雨,天气晴朗,白天光照充足,地面温度上升很快,天气当然很闷热,所以说"东南风,燥烘烘"。

夏夜风稀来日热

这是夏天在副热带高压控制下稳定少变的一种天气。

夏天,我国东南方大部分地区处于副热带高压控制下。在副热带高压内部,气压梯度不大,风力也就很小。白天,地面受热,空气在热力作用下上升形成对流。热空气上升,四面空气流来补充形成风。因此,白天风力相对来说会大些,到了晚上,太阳逐渐西下,地面得不到太阳光照,温度不但不能上升反而还要辐射散失本身热量,温度开始下降,空气渐趋稳定,对流作用当然也就自然消失,风力也就自然而然减小。这是正常情况下的风力日变化。夏季晚上风稀、风小,说明符合这种正常的风力日变化,可见本地尚在稳定的副高控制之下,没有系统天气影响,第二天太阳出来,天气当然会更热些。

南风暖来北风寒,东风湿来西风干

南风发热北风冷

南风暖、北风寒、东风湿、西风干,这种状况主要是由于我国所在地理位置所决定的。

前面讲过,风是由于空气流动而产生的,可见刮南风就是南方的空气向北流去,刮北风就是北方的空气流向南方;同样,刮东风是东面空气流向西面,刮西风就是西面空气向东面流去。

我国的地理位置是处于北半球,北边是高纬地区的寒冷极地,西边是一望无际的连绵不断起伏山岭、欧亚大陆,南边是处于低纬的热带地区,东面是水波浩淼的太平洋。这样,在我国北方,由于终年日照较少,地面温度很低,气温也很低,是一个终年积雪的寒冷地带,所以北方冷空气南下时,其气温很低,所过地方气温当然会急剧下降,给人以寒冷感觉。同时,北方是大陆地区,水汽较少,终年积雪冰面蒸发能力也小,由于气温低所能容纳水汽也少,因此北方来的空气所含水汽都不多,也就是说都比较干燥,因而造成北方既冷且干的现象。

相反,在我国南方是靠近赤道的热带地区,终年受到太阳光的强烈照射,气温都比较高。当南方的空气向北移动时,空气也会把热量一同带到北方,它所经过的地方气温当然也会升高,所以南风也就比较暖和了。我国东面是太平洋,比起西边大陆水分不知要多多少。水多气温高,蒸发到空气中的水汽当然也就会很多,所以海面的空气一般说来都比较潮湿。潮湿空气向西移到大陆上当然会带去大量水汽,"东风湿"也就是这个道理。我国西部是广阔的欧亚大陆,内陆地区水分不足,空气中水汽更少。所以,西面过来的空气不会带来多少水分,西风当然也就显得比较干燥了。

寒、暖、湿、干都是相对的,只有通过互相比较才能给予判断。在气象谚语中,南风、北风用寒、暖判别,东风、西风用湿、干判别,这是非常恰当的,也是很有科学性的。

由上可见,"南风暖来北风寒,东风湿来西风干"确实是比较符合我国实际情况的。

开门风,闭门雨

在稳定高压控制下的晴好天气,清晨由于晚上地面辐射散热,气温下降到清晨达最低点,空气比较稳定,又没有对流发展,一般情况下清晨都是无风,有风也很小。白天,太阳不断升高,地面迅速增温也引起气温急剧上升,热空气膨胀就开始上升,发生对流,四周空气因而也就流来补充形成风。这种风随太阳高度角增大而增大,到午后两三点钟达最大值。以后由于太阳逐渐西沉,气温逐渐下降,对流停止,风也逐渐趋于变小。这就是正常情况下风的日变化。如果早上开门立即有大风出现,可见此风不可能是稳定高压内部正常日变化情况下的风,而是有新的天气系统移来影响本地,例如锋面、气旋、低槽等。这时云层也比较多,随着这些新的天气系统移来,天气也就将转为阴雨天气。

"开门风,闭门雨"是说早上起风,过一段时间就可能发生降水,并不是说一定要到晚上闭门后才下雨。

一日南风三日暖
一日南风三日爆,三日南风狗钻灶

　　"一日南风三日暖"是说冬季一天吹南风,天气将会变得更暖和些。"三日南风狗钻灶"是说吹了三天南风,天气又会变得很冷,狗都钻灶。这两种说法是否有矛盾呢?原来,在冬季由于我国北方广大地区处于极端寒冷状况,空气很冷很重,气压很高,东南方太阳照射相对来说比北方多许多,同时由于海水储存大量热量以供散发,致使冬季气温也下降不多,比起北方极寒地区来讲不知要暖和多少倍,因而东南方气压也比较低。空气总是像水从高处往低处流一样,也是由气压高的地方往气压低的地方移动。这样,在整个冬季我国从总的来说都处于西北气流控制下吹西北风,天气都比较冷。

　　但是事物总是一分为二的,整个冬季总的来说西北气流占主导地位。就个别情况来讲,就不见得都能维持很强的西北气流,西北气流也是有时强些有时弱些。当西北气流较弱时,南方暖空气就可以趁隙而入,暂时控制局部地方,这时在南方暖空气控制地方就吹南风,由于南方暖空气气温较高可以带来很多热量,被控制的地方一时也变得暖和好多。"一日南风三日暖"就是这个道理。

　　因为气候毕竟是冬季时令,南方暖空气毕竟有限,连续刮了两三天南风说明北方可能又会有新的更强的冷空气即将南下,当这个冷空气南下时,冷重的冷空气就会像楔子一样很快地插入南方暖空气底部,把整层暖空气抬升。暖空气被抬升后,由于绝热冷却作用和与冷空气掺和冷却作用合在一起,共同使暖空气很快变冷,水汽被大量凝结成冰晶雪花,造成下雪。下雪以后的天气当然比以前更冷了,这时连狗也不敢出来活动了,"三日南风狗钻灶"就是这个意思。

　　六月西风暂时雨

　　这是指长江流域一带,若农历六月(公历 7 月)吹西风会造成短时间内阴雨天气,但时间不会很久。

　　农历六月(公历 7 月),长江流域一带已经完全在副热带高压控制下,原来停顿在长江流域一带的静止锋已经向北撤退到黄淮一带去了。这时地面盛行东南季风。虽然东南季风可以带来较多的水汽,但是因为得不到适当的动力作用无法抬升成云致雨,所以天气总是晴朗酷热。这时,如果在长江流域出现吹西风(不是沿海地区晚上陆风),则多半是由于西边低槽东移过境的结果。在低槽东移经过途中,使空气因辐合作用而形成上升气流。这样,原来暖湿空气终于得到抬升力量的作用开始上升,在上升过程中因外界气压不断下降使自身体积不断膨胀气温不断下降,原来暖湿空气因其较暖尚未达到饱和,这时因变冷而迅速达到饱和和过饱和状况,于是水汽被凝结出来形成阴雨天气。但是,这种阴雨天气由于不是冷暖空气互相作用而形成的,而是由于暖湿空气自身辐合上升而造成的。另一方面,由于低槽移动一般都很快,因而其时间不会维持很久,随着低槽迅速东移,天气也就即将转好,因此说"六月西风暂时雨"。

强风怕落日

这是指在晴朗的白天,有时也会刮起较大的风,一到傍晚,风就逐渐地变小,甚至干脆就没有风了,这种情况就是"强风怕落日"的意思。强风为什么怕落日呢?

原来,在稳定高压控制的晴朗天气的日子里,白天地面由于受到太阳光的强烈照射,温度迅速升高,结果使地面长波辐射也迅速增大,散失的热量被近地面空气所吸收,近地面空气温度也开始急剧上升。可是较高层空气因为得到地面长波辐射热量较少,温度上升不快。这样,近地面空气由于升温迅速空气体积膨胀变轻,上层空气显得很笨重,出现了头重脚轻的局面,生成对流。对流的产生使近地层空气出现了暂时的空虚,从上层空中下沉的空气迅速从四面八方流来补充,就形成了风。下沉空气不但带来了高层空气中较强的风速,而且还因下沉作用空气形成一个冲力,所以这时形成的风就较大。这种风一般到下午二三点钟达到最大程度,以后随着太阳慢慢地西沉,地面增温逐渐停止,对流作用也就慢慢地开始衰退,风力也就慢慢地变小。到了晚上,地面只有辐射散热得不到热量补充,迅速冷却,反过来又影响近地面空气迅速冷却,空气体积重新缩小,空气变重,而这时高层空气由于还可以得到从地面和近地面空气辐射散失热量的补偿,相比之下温度降低不是很快,因而空气密度较小,空气较轻,于是重新恢复了脚重头轻的稳定局面,对流就停止了。对流停止了,因之产生的风当然也就停止了。这就是晴朗天气状况下造成风力日变化的原因,"强风怕落日"正反映了这个变化。

当然，人们还经常碰到白天刮大风到晚上不但不停止，有时反而越来越大。这又是为什么呢？原来，造成这种大风的原因与上面造成大风原因完全不同。这种大风是因为新的天气系统，例如北方冷空气南下、台风影响、气旋移来、锋面过境等影响本地而造成的。所以，不能与这些谚语等同对待，这种强风是不怕落日的。

热生风，冷生云

这条谚语从本质上概括了风、云生成的根本原因。

风是怎样吹起来的呢？前面讲过是由于气压分布不均匀，有的地方气压高，有的地方气压低，气压高的一方空气就向气压低的一方流去，这样就生成了风。气压为什么会有高有低呢？因为有些地方受热多，空气膨胀变轻气压变低；有些地方受热少，空气膨胀不厉害，空气密度大，气压就高。所以说。"热生风"是有道理的。

云又是怎么生成的呢？.前面也讲过，云的生成要有一个非常重要的条件，就是使空气中水汽达到过饱和状态，只有使空气中水汽达到过饱和状态，才有多余水汽凝结成水滴。否则是不可能凝结成小水滴的。要使空气中水汽达到过饱和状况，光靠蒸发作用增大空气中水汽，一般情况下是不可能达到的，即使可能达到，最多也只能在江、河、湖、海面上形成蒸汽雾（形成蒸汽雾，辐射冷却这个条件还是必要的）。大范围的云一般都是由于空气在某种外力因素作用下被抬升变冷，使空气本身能容纳水汽的本领变小，使多余水汽凝结成水滴而形成云，或者是由于冷暖空气掺和使暖空气变冷，水汽达到饱和，凝结成水滴而形成云。不管是前一种情况，还是后一种情况，都离不开冷却作用。"冷生云"正反映了这个道理。

狂风暴雨不终朝

烈风暴雨不终朝

飓风不终朝，骤雨不终日

这些谚语主要是指狂风挟着暴雨来势虽猛，但维持时间不会很长，这主要是对夏天的热雷雨过程而言。

夏季地面热量收支从总的来讲是收大于支,入大于出,地面热量每天都在积累,越积越多,气温越来越高。早晨太阳出来后,强烈的光照很快烘热地皮使地面温度和近地层空气温度急剧上升。空气温度一上升体积就膨胀变轻,在浮力作用下开始上升形成对流。而夏季控制我国大陆大部分地区是南方暖湿气团,水汽都比较充沛。空气在上升过程中自身温度不断下降,使水汽凝结形成了云。开始时是淡积云,再发展成浓积云、积雨云。积雨云中,对流发展非常旺盛,水汽被大量地凝结成小水滴、小冰晶、小雪花。这些小水滴、小冰晶又逐渐变为大水滴、大冰晶。在积雨云中它们开始下降,同时也将附近空气拖曳下降,并且也将高空强大西风也拖带下来。在积雨云中形成强大的下沉气流,下沉气流降到近地面附近,由于地面阻挡作用造成堆积,形成局部高压。这个高压将下沉气流向四周辐散开来形成强烈阵风,紧接着电闪雷鸣形成暴雨。这种积雨云范围较小,所以持续时间不会太久。随着积雨云移走或者由于狂风暴雨过程大量地释放能量使雷雨云本身很快衰退,天气很快就会转好。

第二型冷锋雷雨也可产生狂风暴雨,时间同样不会持续很久,也会很快过去,雨过天晴。

更里起风更里住,更里不住吹倒树

更里起风五更住,五更不住吹倒树

夜里起风夜里住,夜里不住吹倒树

在正常情况下,一般夜晚由于热力对流衰退空气渐趋稳定,不会有什么大风。不过有时从西面有低压槽移来,在它的影响下夜里可能刮大风。但是这种大风维持时间都不会很长久,随着低槽移走,空气又趋稳定,风力减小,所以说"更里起风更里住"。晚上出现大风不仅只有低压槽影响,北方冷空气大举南下时也会出现大风。这种大风短时间停止不了,可以维持较长时间。这就是说,"更里起风",如果不是很快停止,而是维持较长时间,一直到白天还不停,那一般说来就不是低槽影响所造成的,而是北方冷空气大举南下而造成的,当冷空气主力到来时,风力将要迅速增大,因此有"夜里不住吹倒树"之说。

西风煞雨脚，勿等泥土白

"西风煞雨脚"主要是指在阴雨天气过程中，西风猛吹几场，天气转晴，这种晴天不会维持很久，等不到泥土晒干又将开始下雨，这条气象谚语一般只是在春季比较适用。

春天由于太阳直射点已经逐渐开始向北转移，北方冷空气势力开始衰退，相反南方暖空气刚刚开始加强。这样，南、北暖冷空气势力的交汇线也开始逐渐向北转移。春季这个交汇线一般停留在长江流域，造成长江流域连阴雨的静止锋天气。这时如果西北方有新的冷空气南下补充到原来冷空气中，冷空气势力就会得到暂时优势，把暖空气往东南方赶走，静止锋南移。在冷空气控制下吹西北风，天气转好。但是这时已经是春天了，暖空气势力正处于上升阶段。这种冷空气控制下的天气不可能长期维持，过一些时间暖空气势力再度加强北上，又把静止锋往北顶了回去，天气又转为阴雨天气。这就造成了谚语所说的"西风煞雨脚，勿等泥土白"的景况了。

昼息不如夜静

"昼息不如夜静"主要是说白天没有风不如夜晚没有风更能说明天气状况稳定少变，未来天气仍旧晴好。

这是因为，处于稳定高压控制下晴朗天气正常情况是白天风力逐渐增大，晚上风力逐渐减少，甚至无风。在这里，晚上没风比白天没风更能说明问题。晚上从没风变成有风，这说明是新的天气系统移来影响。白天有风，有可能是日变化造成的，也有可能是天气系统影响，一般不容易看出来属于哪一类型，更不能像晚上那么说明问题。白天无风虽然与日变化正常情况不符，但是更不能以此为根据判断有新的系统影响。因为在稳定高压控制下，白天也可能因空气层结很稳定使对流不易产生，风力较小甚至无风。可见，不能够因白天无风与正常日变化不符就作出有新的系统移来影响这样的判断。这样看来，确实是白天没风不如晚上没风更能说明问题。

久晴西风雨，久雨西风晴

"久晴西风雨，久雨西风晴"，都是"吹西风"为什么有的没雨会下雨，有的有雨倒变晴呢?

原来是这么一回事。如果一个地方晴久了,空气每天受到太阳光照的间接作用不断增温,空气较暖和,同时地面蒸发也随之旺盛,空气中水汽含量相对也多些。之所以久晴,原因是缺乏使暖空气受到抬升的一个力量,暖空气得不到抬升,温度降不下来,空气中水汽就无法达到饱和造成降水天气。即使晚上辐射冷却强烈,最多也只能结成露水。这时,如果吹西风,表示西北面有冷空气南下或低槽东移。这两个外来因素都为暖空气得到足够的升力提供了条件,前者由于冷空气插入暖空气底部,使暖空气整层抬升,温度下降,水汽凝结成水滴,造成阴雨天气。后者使暖空气辐合上升,同样使暖空气在上升过程中冷却,水汽凝结成水滴而造成阴雨天气。总之,不管是冷空气南下,还是低槽东移,都说明是一个新的天气系统影响过程,容易造成阴雨天气。

上面讲的"久晴西风雨",其中有一个风向转折过程。它说明久晴时,不是吹西风,而是吹偏东风造成的,转吹西风方能下雨。因此,此谚语在夏季比较适用。如果是冬天大陆性气团控制下,久晴本来就吹西风,再吹西风当然是不会下雨的。这种情况应当有所区别。

一个地方长时期阴雨连绵,主要是因为冷暖空气势力相当各不退让形成静止锋所造成的。这时,如果吹起强劲的偏西风,说明西北方有新的冷空气补充到原来冷空气中去。于是,冷暖空气平衡状态被破坏了,原来静止锋变成了冷锋迅速向东南移去,原来受静止锋控制的天气就转而受冷高压控制,阴雨天气便告结束,代之而来的是冷高压控制下的晴好天气。

这种由"久雨西风晴"所形成的晴天,在早春晚秋及冬季都可能持续较长时间。如果发生在晚春、早秋时节,这种晴天维持时间可能不长。对夏季根本不适用。因此也应当分别对待。从上述分析可见,"久雨西风晴"与"久晴西风雨"并不矛盾。

秋刮南风不到黑,腊月西北是正当

九月南风当日雨

秋后南风当时雨

秋天,由于太阳直射点已经移到南半球,北半球天气开始逐渐转冷,原来的副热带高压往南收缩。我国东南海洋面上与大陆相比,温度也由低变高,海洋面上气温也较高,气压较低,而我国北方天寒地冻气温很低气压很高。因此,原来夏季盛行的东南季风逐渐为西北季风所代替。秋后北方冷空气势力可以抵达长江流域了,而南方暖湿气团虽然已经衰弱,但还不很弱,有时也能到达长江流域。当它到达长江流域时就刮偏南风,带来充沛水汽。但是,这时暖湿空气已经没有更多的力量将冷空气往北顶回去,只好顺着冷空气斜面向上爬升。暖湿空气在爬升过程中不断降低自身温度,水汽逐渐凝成水滴造成阴雨天气,所以秋天刮南风,不久便要下雨。

冬季我国整个大陆基本上都受西北气流控制。北方冷空气一股股南下,其路径多数是以西北往东南移动,多刮西北风。"腊月西北是正当"正是这个意思。

半夜五更西,明朝拔树枝

这条谚语是指半夜起西风,到天明风力就将更大,可以折断树枝。这主要适用于冬季。冬季,在北方南下冷空气控制下,天气多晴朗少云,层结稳定。白天刮风晚上无风表现出明显的风力日变化。但是,南下冷空气在阳光照射下逐渐变性和向东移走,这时西北面新的冷空气又南下。在变性高压逐渐东移后,本地逐渐转到变性高压后部。在变性高压后部和西北新来的冷空气前部,由于气压梯度增大,刮偏西风。这种风是受系统影响不受日变化约束,因此晚上也会刮起大风。晚上刮西风,一般说来是受天气系统影响时才会出现的。这种风一旦刮起来就不容易停,可以持续较长时间。随着冷锋过境,北方新的冷空气移来,在新高压前部冷锋后部,风力一般都比冷锋前部大得多。这就是"半夜五更西,明朝拔树枝"谚语的含义所在。当然,不一定说"半夜五更西"一定要到白天风力才增大,而是说过一段时间风力可能增大。这段时间长短要视北方寒潮移动快慢而定。寒潮移动快,这段时间就短,可能是晚上刮西风晚上风力就增大;如果寒潮移动慢,可能所隔时间还会更长些。

风扛门，大天晴

"风扛门"意思是风力很大，可以把门顶开，天气可立即放晴。

冬季在变性高压控制下，天气一般是晴朗稳定的。白天即使热力对流产生的风，风力也不会很大，晚上更没有风。当西北有新的冷空气南下时，变性高压也就要向东南方向移去，就造成冷锋锋面阴雨天气，风力也开始逐渐增大。当锋面还未过境处于冷锋前面时，风力还不会刮到很大。如果风力突然大增，说明冷锋已经移过，本地已经转受锋后冷气团控制。因为锋后冷高压前部与锋前变性高压后部，气压梯度很大，风力自然也很大。锋后冷气团控制下的天气，当然会很快放晴。

开门风，关门住，关门不住吹倒树

早风晴，晚风雨

白天刮风不像晚上刮风那样有明确的指示性意义。在稳定少变的情况下，晚上要么无风，要么风力很小，如果晚上刮大风，一般都说明有新的天气系统即将移来影响本地，天气将要转坏。

白天则不一样。白天刮风可能有两种情况：一种是处于稳定天气系统控制下，没有新的天气系统移来影响，只是由于白天地面增热快发生对流而刮起来的风，这种风有时也比较大；另一种情况则是由新的天气系统移来而造成的大风。两种情况形成的风在白天是不容易很好地区别开来（如果配上云的观测可能会好区别些）。但是有一点，如果是在稳定的天气系统控制下，仅仅是因为白天热力对流作用而造成的大风，不论其风力多大，太阳西沉后，也就是到晚上，风都应该逐渐变小止息。如果白天刮大风到晚上没有停止趋势，就说明这种风不是热力对流作用而产生的，是新的天气系统移来，例如北方冷空气南下，台风北上，低槽东移等造成的。随着天气系统主力移来，风力将会大增。"开门风，关门住，关门不住吹倒树"说的就是这种情况。"早风晴，晚风雨"也是一样，单单是在白天刮风，可能是稳定天气系统控制下好天气，晚上起风表明有新的天气系统影响，当新的天气系统移来时会造成阴雨天气。

一场秋风一场凉

一场秋风一场雨

"秋风"是指北风或西北风,"一场秋风一场凉"是说吹一场秋风天气将变得更冷一些,并伴有一场秋雨。

秋季,太阳直射点逐渐南移,北半球的白天渐渐变短,夜间渐渐变长。这样,白天接受太阳光照时间短,而且是斜照,接受太阳热能不多。晚上时间长,辐射散热时间长,丧失热量多。北半球整个冬半年热量收入少支出多,天气一天天变冷。

风是由于空气流动而生成的,北风就是北边空气往南边流动,可见刮北风时,北方又冷又干的空气大举南下。这时,南方地面还是比较暖和的,形成较大温差,使地面强烈辐射,散失地面仅有的一点热量。可见,一次冷空气南下,热量就要丧失一些,温度就要下降一些,随着一次次冷空气南下,气温就一次次降低,所以说"一场秋风一场凉"。

当北方冷空气南下时与原来南方较暖空气交锋形成冷锋,冷锋过境时会造成一次冷锋锋面阴雨天气过程(在秋季南方暖空气还有一定势力,这与冬季不同),"一场秋风一场雨"正是这个意思。

北风寒冷天气晴

冬季,我国北方天气冷,温度低,空气密度大,形成稳定的冷高压。这些冷高压一次一次爆发南下,横扫我国各地,控制我国大部分地区。整个冬季的天气就是这样一次一次冷空气南下影响过程。在冷空气南下时总是吹强大的北风或西北风,带来寒冷的空气,使气温急剧下降。当受到南下冷高压控制时,因为在高压区内盛行下沉气流,不易成云致雨,加上北方冷空气水汽含量很少,更不可能成云致雨,因而在它控制下的天气一般总是晴好天气。"北风寒冷天气晴"确实是合乎实际情况的经验之谈。

南风多雾露,北风多严霜

在晴朗无风或微风的夜晚中,空气中的水汽因辐射冷却达到饱和,凝结成水滴形成雾、露或是凝华成冰晶形成霜,最主要的条件就是看当时的气温与物体表面温度。温度在 0℃ 以上，一般只能形成雾、露，温度在 0℃ 以下或 0℃ 左右就能形成霜。

前面讲过，南风带来的空气一般都有较高的温度和较充沛的水汽，它有足够的热量可以使原来受冷空气控制的地表温度也有所升高。这时，如果晚上天气晴朗，水汽凝结，温度又不很低，形成雾、露的机会当然会多一些。相反，北风带来非常寒冷的冷空气，在它的影响下，原来受南方较暖空气控制下温度较高的地面也将迅速降温。冬季，北方冷空气南下后，温度一般都可以降到 0℃ 以下。另外，冷空气也比较干燥，水汽很少。这样，在晴朗夜晚，只有在近地面一薄层，白天受地面蒸发影响空气较潮湿，经辐射冷却后水汽碰到温度很低的地表面或物体表面凝华而成霜，因而北风形成霜的机会相比较当然会多些。

北风雨，南风晴

六月北风当日雨，好像亲娘看闺女

入伏北风当日坏

六月北风阴雨绵绵

夏季副热带高压西伸控制我国东南部、中部大部分地区。在副热带高压控制下多数吹东南风，天气晴朗酷热，很少下雨。这是因为，副热带高压内部盛行下沉气流。从东南方来的暖湿空气虽然有较充沛的水汽，但是由于空气主要趋势是下沉，下沉空气是一种绝热增温过程，温度升高，容纳水汽本领变大，空气中水汽含量原来就不饱和，这样更显得不饱和了，更没有多余水汽凝结成水滴进而成云致雨，所以天气总是晴好的。如果吹北风，说明北方有冷空气南下。农历六月（公历 7 月），北方冷空气势力较弱，一般不易南下，要南下可见其势力较大（可能副高势力也有所减弱）。这个南下冷空气插入暖空气底部迫使暖湿空气抬升。暖湿空气一旦受到抬升，由于外界气压不断下降，使暖湿空气体积不断膨胀，体积增大，气温下降，容纳水汽能力变小，原来没有达到饱和的空气，这时已经达到饱和甚至过饱和状况，多余水汽就被凝结成水滴形成阴雨天气。"六月北风当日雨，好像亲娘看闺女"，情况确实这样。

八月南风二日半，九月南风当日转

这里所说的八月、九月均为农历，对应公历应是 9 月、10 月，农历八月正是夏末初秋阶段，而农历九月则已是秋令时候了。

夏季，长江流域都处于副热带高压控制之下，盛行东南气流，经常吹南风。随着季节转移，赤道辐合带南撤，副热带高压也向南退缩，到农历八月，南方暖空气势力开始减弱。相反，夏季龟缩在北极地区的冷空气这时嚣张起来，势力逐渐变强，到了农历八月，虽然其势力还不太强，小股冷空气还是经常南下，有时还可以把南方暖空气赶跑。这样，南北方空气你来我往频繁交锋。这时毕竟还是处于夏末秋初时候，南方暖空气势力虽然开始削弱，还有一定势力，所以当它北进时，还可以控制一段较长时间，同时冷空气势力刚刚开始恢复也不是很强，也要经过一段较长时间的力量积累才能有足够力量南下。"八月南风二日半"意思就是说，这时吹南风还可以控制一段时间。

到了农历九月，已经进入深秋季节，北方冷空气声势大振，经常南下。南方暖空气势力进一步衰退，长江流域一带已经无法再被它控制住了，而北方冷空气这时势力已经可以伸到长江流域一带了，因而这时如果南方暖空气北上已经不可能像八月份那样还可以维持两天半了，一般情况下只能维持一天左右，便被南下冷空气赶跑，造成一场秋雨以后，又属北方冷高压控制。"九月南风当日转"中的"当日转"就是说当天风向就要转，可见南方暖空气势力再也无法控制较长时间了。

这条谚语一般说来只适用于长江流域地区，当然，气象谚语中"二日半"不是实际指两天半，而是一种形象的说法，它是相对于"当日转"来说的，表示更长一点时间而已。

夏东风，池塘空

夏刮东风海底干，秋刮东风水淹山

夏刮东风井底干，秋刮东风水连天

长江流域，夏季处于西伸的副热带高压脊控制，刮偏东风，这是正常情况。夏季刮东风，说明本地仍处于稳定的副热带高压控制之下，天气当然仍为晴好。

秋季情况完全不同。秋季，副高已经撤出长江流域，北方冷空气频繁南下，其势力可以伸到长江流域。这时如果吹东风，带来的暖湿空气中含有充分水汽。暖湿空气在碰到北方冷空气交锋时，因暖湿空气较轻，于是就顺着冷空气斜面往上爬升，前面暖湿空气往上爬，后面暖湿空气赶来顶，因此暖湿空气可以爬升到很高的高度。我们知道，暖湿空气在爬升过程中温度将不断下降，水汽不断凝结成水滴造成大范围的阴雨天气，所以说"秋刮东风水连天"。

东风头大，西风尾大

"东风头大"是说东风在开始时风力较大而后逐渐减小，"西风尾大"是说西风开始时风力较小，随后风力逐渐增大。

"东风头大，西风尾大"并不是说所有的东风（包括北风）都是头大，所有西风（包括南风）都是尾大。它一般是针对特定天气系统里的东风与西风而言。这种特定的天气系统就是高压东移随后低槽又跟着移来时出现的东风与西风。为什么高压东移后面低槽移来时会发生这种现象呢？

高压系统内风力分布是在其东北部吹西北风，东南部吹东北风，西南部吹东南风，西北部吹西南风。这里，西风是指处于高压西北、西南部分吹的南风、西风，在高压东移时首先是高压中心部分移来，而后高压中心部分移过转到高压后部，在这个过程中都是吹西风、南风，在靠近高压中心时，由于在单一气团内部气压梯度力较小，风力也较小。当转到高压后部时，如果后部有低压槽移来，气压梯度力会突然增大，风力也大增。这时，西风、南风就越刮越大，形成"西风尾大"形势。至西风达最大时，低槽过境风即转为北风与东风，由于这时仍邻近低压槽，气压梯度大，故北风、东风一开始就很大，形成"东风头大"形势，随后低压东移转到系统内部，气压梯度变小，风力也逐渐减小。

六月无善北
六月北风不过午，过午必台风

这两条谚语是流传于福建东部、北部沿海地区，一般适用于浙闽沿海一带。这里"六月"指的是农历，公历应当是 7 月。7 月，赤道辐合带已经北移，北半球光照普遍增多,气温升高。由于陆地热容小,海洋热容大,因此陆地上气温升得更快些。气压变低,相对海洋气温升高不那么快,气压较高,空气就从气压高的地方流向气压低的地方形成东南风。此时,我国东南部和中部地区普遍盛行东南气流即东南季风,副热带高压西伸控制我国东南部和中部地区。相反,原先盘踞在我国陆地上的冷空气,此时已经龟缩到北极附近,其势力范围最多只能抵达我国黄淮流域,很少能南下到达福建沿海地区,即使到达也早已是强弩之末,没有什么力量了,一般说来不会出现吹北风。要吹北风,一般情况下有四种情形:第一种是气压场临时调配;第二种是稳定天气情况下风向日变化;第三种是积雨云前部局部高压内辐散出来的气流;第四种是受台风影响。前三种情况一般吹北风时间都不会很长,第四种情况下吹北风不但可以持续较长一段时间,而且风力也比较强。

为什么受台风影响会刮北风呢?

这是因为,影响我国浙闽地区沿海一带的台风大多生成于菲律宾以东西太平洋洋面上。当台风移来时,台风方位是位于浙闽沿海一带的偏东方,台风是一个气旋性涡旋,台风内风向是沿逆时针方向转变的,因而台风的西部总是吹偏北风。浙闽沿海地区在台风移来时首先所处的位置刚好是在台风西北部,因而也总是先从偏北风吹起。可见,六月吹北风而且持续时间较长可能是受台风影响而造成的,"六月北风不过午,过午必台风"就是这个意思。

谚语"六月无善北"指的是六月本不应吹北风,如若吹北风,一定是来者不善,很可能受台风影响,造成严重的自然灾害。

星星闪烁,星下风恶

这是台风天气系统中的一种特殊现象。

台风眼内盛行下沉气流,其内部一般总是晴朗天气,有几丝白云飘曳天外,风力也不大(图5-28)。晴朗的夜晚,天空无云,当然也就可以看到闪烁的星星,它给人们一种宁静幽美的感觉。但是,这种宁静的气氛不可能维持很久。台风眼外是一种疾风暴雨、电闪雷鸣的强烈天气,也是整个台风中为害最烈的一部分,而台风眼在整个台风系统中所占的位置极小。一般只有几十千米,因此会很快移走,当台风眼移过后,狂风暴雨立即就可以来临,所以在台风系统中碰上那种宁静气氛,千万不可麻痹大意,而应该做好防台风的工作。气象谚语"星星闪烁,星下风恶"指的就是这种天气现象。

图 5-28 台风眼

草席浪来刮台风

无风来长浪,不久狂风降

无风起长浪,不久风就降

大浪静风,今日明日见北风

这几条谚语都流行于浙闽沿海一带,它们为预测台风提供了很好的线索。

俗话说"无风不起浪",在湖边、海边生活的人都会有这样的感觉。当微风吹进海面、湖面时,会引起水波阵阵荡漾,风越大,水波荡漾越激烈,当风很大时,海面、湖面就会出现浪潮。可见,浪果真是由风吹到湖面、海面而引起的,"无风不起浪"果真是事实。

在海边生活着的渔民,长期以来根据实际观测发现,在无风的日子里,海面上有时也会泛起阵阵浪潮,而且越来越大,这样的浪潮与有风时的浪潮不一样,有风时波浪顶部是呈尖形的,而无风时的浪潮浪顶呈浑圆形,俗称"长浪",而后台风就来了。事实使人们发现,可以用"无风起浪"这个反常现象预报台风的存在和侵袭,还是一种切实可行的办法。

　　长浪果真不是由风引起的吗？无风果真会起浪吗？现在我们先来做一个实验，拿一块小石子扔到水里，可以发现以石子降落点为中心出现水波并逐渐向四周散开来，以致可以传到很远的地方。石子并没有扔到的地方为什么也会出现水波呢？这是因为，石子被扔到水里引起局部水面上下荡漾，振荡波会向四周辐散开来。这种现象称为波动与波的传播。因而别的地方也会出现水波。同样道理，由于台风内部气压低，台风内部水位要比台风外高出许多，另外台风内风力很强因而台风内经常波涛滚滚，海浪涛天，海水的剧烈振动也会向四周辐散开来向远方传去，它传播的范围与速度都比台风风力的范围与速度来得大且快，因而在远离台风的地方，风还没到，首先看到的却是滚滚海浪迎面而来，出现"无风起浪"和"大浪静风"的现象。为什么我们看到的浪潮会与平常不一样而出现长浪呢？原来，在台风内部的浪潮与平常一样也是尖浪，由于它是水波向外传播，在传播过程中经过很长距离，尖顶也就慢慢地平滑起来，加上空气阻力作用，当它传到台风范围以外，浪顶就呈浑圆形。我们可以从浪顶浑圆形看出，台风生成地离我们还有一段距离。也可以看出，此浪肯定是台风引起。如果不是台风，一般的浪是不会传播这么远的。

　　这样看来，我们确实可以用"无风起长浪"来预报海面上已经有台风存在了，并且正在向我们移来。可见，浪还是由风吹起的，只不过是风在别处吹，把浪从远处传过来罢了。"无风不起浪"还是千真万确的。

　　无事七八九，莫向江中走

　　这是我国沿海渔民长期生活实践中总结出来的影响我国台风出现时间的经验之谈。

　　影响我国的台风大约出现在5—11月，影响范围最广、次数最多的时间是7月、8月和9月这三个月份，由于海上经常有台风生成和影响，出船危险，"无事七八九，莫向江中走"就是提示渔民尽量不要在这段时间出海或如果在这段时间出海，要十分谨慎。

　　海水发臭，台风随到
　　海水不净，海上不静

这两条谚语是根据海水污浊度来预报台风的。

由于台风是一个中心气压很低的气旋式涡旋，在近海地区，这个涡旋有时可以直冲海底，把海底某些渔类尸体、腐败物质翻起并向四周散开，使海水变得很脏很臭。因而，我们也可以根据这个规律判断海上已有台风存在。

六月北风，水浸鸡笼

六月北风多因台风引起，在台风到来时还伴有强烈的降水发生。因此，"六月北风，水浸鸡笼"是很有道理的。

风谚语集锦

东风急溜溜，难过五更头

东风是个精，不下也要阴

东风三天下大雨，北风一日定晴天

四季东风不愁涝，六月东风一场空

一日南风三日晴，三日南风雨淋淋

三日南风叫，十日寒风笑

三日南风必有雨，一转西北又落空

南风刮三天，不雨也阴天

西风日落止，不止刮倒树

西风迎早霞，风沙送夕阳

西风盛吹现天旱，虽有雨云也枉然

西风雪，东风雨，南风暖，北风燥

一日西风三日晴，三日西风一月晴，一月西风三月晴

北风多，春雨晚

北风撞门，霜雪满园

北风冲顶天气晴，北风扫地天气阴

北风刮到日头落，南风刮到小鸡叫

天晓吹风天明住，天明不住吹倒树

早晨刮风天要变，晚上刮风地晒干

早晚南风午北风，要等下雨一场空

风过午，猛如虎

日落南风煞，马上北风刮

日落东风起，明日好天空

半夜风急，雨水立即

春东风，雨祖宗；夏东风，井底空

冬季东风雪满天

夏南风无雨，冬南风不晴

秋来北风多，南风是雨窝

风大雨点小，一会儿就了

风是雨的头，风狂雨速收

斜风雨不久，无风雨不停

风打架，雨相连

风头乱，天要变

风与云逆行，一定雨淋淋

风转顺钟表，坏天跑不了；风转反钟表，好天就来到

一日刮风十日旱，十日刮风旱半年

地上旋风起，三日必有雨

山谷嗡嗡响，雨天变晴天

扫地风，有雨下